四川省"十四五"职业教育省级规划教材立项建设教材

BIM建模实务

主　编■左　艳　伍　坪
副主编■吕　宝　付　博　张丹宁
参　编■赵万清　张耀文

重庆大学出版社

内容提要

本书以 Autodesk Revit 为工具，系统地介绍了创建 BIM 土建模型的全工作流程。众多企业项目案例贯穿全书：针对 BIM 工程师土建岗位，按照工作流程，结合岗位工作内容及相关职责，本书设置了项目准备篇、建筑建模篇、结构建模篇、创新应用篇 4 个篇章对工作内容进行分类；各篇章下设工作项目模块，共计 8 个项目；结合课程思政、专业教育、创新教育要求，加入部分"1+X"BIM 初、中级考点，有机融入部分 BIM 技能竞赛要求，全书设置工作任务共计 17 个。

本书以活页式呈现工作任务，各个工作任务既相对独立又相互关联，包括项目信息设置，创建标高轴网，创建砖混墙体及门窗、幕墙、楼屋面、建筑楼梯、体量与族、独立基础、结构梁板柱以及结构楼梯大样，创建明细表，平面出图，渲染漫游，基坑模型的创建，基坑支护构件族的创建与布置，基坑支护桩及钢筋的布置。

本书源于企业 BIM 工程师土建岗位上岗培训实践，适用于中等职业教育建筑工程施工、建筑工程造价等专业 BIM 建模及应用课程的教学用书，可作为高等职业教育土木建筑类专业的教学参考用书，也可作为 BIM 初学者、建筑工程相关技术人员培训的参考用书。

图书在版编目（CIP）数据

BIM 建模实务 / 左艳，伍坪主编. -- 重庆：重庆大学出版社，2024.6. --（中等职业教育建筑工程施工专业系列教材）. -- ISBN 978-7-5689-4580-6

Ⅰ. TU201.4

中国国家版本馆 CIP 数据核字第 2024LP1127 号

BIM 建模实务

主　编　左　艳　伍　坪
副主编　吕　宝　付　博　张丹宁
策划编辑：刘颖果

责任编辑：姜　凤　　版式设计：刘颖果
责任校对：刘志刚　　责任印制：赵　晟

*

重庆大学出版社出版发行
出版人：陈晓阳
社址：重庆市沙坪坝区大学城西路 21 号
邮编：401331
电话：(023)88617190　88617185（中小学）
传真：(023)88617186　88617166
网址：http://www.cqup.com.cn
邮箱：fxk@cqup.com.cn（营销中心）
全国新华书店经销
重庆紫石东南印务有限公司印刷

*

开本：889mm×1194mm　1/16　印张：23.5　字数：630 千
2024 年 6 月第 1 版　2024 年 6 月第 1 次印刷
ISBN 978-7-5689-4580-6　定价：69.00 元

前　言

　　BIM 建模及应用课程是面向中等职业教育的土木建筑类学生开设的。学习者在学习本课程时,应已完成施工图识图、建筑构造等相关课程,并具备一定的识图及理解节点构造的能力。学习者通过本课程的学习,将能熟练应用 Autodesk Revit 工具准确创建所需模型,学会"一模多用",并灵活利用 BIM 技术完成工作任务,提升专业技能,从而满足 BIM 工程师土建岗位的工作需要。

　　本书汲取了多年校企合作和岗培实践经验,根据工作流程,以岗位工作内容和相关职责为依据进行学习篇章划分,设置了项目准备篇、建筑建模篇、结构建模篇、创新应用篇 4 个篇章,各篇章下设工作项目共计 8 个,工作任务共计 17 个。本书在编写方面,采用活页式独立地呈现情境任务,采用手册形式详解任务技能点;在内容组织与安排上,立足职业教育特点,旨在培养 BIM 工程师土建岗位所需的职业素养和专业技能,注重 BIM 技术的活学活用,激发综合性和创新性思维。本书由四川城市职业学院与四川志德岩土工程有限责任公司联合编写,主要具有以下特点:

　　1)育人为先,融入岗位职业素养要求

　　在设定的工作情境中,学习者可感受 BIM 技术的服务范围和应用场景。此外,书中始终贯穿着规范、严谨和细致的工作态度。

　　2)源于岗位,融入职业标准、岗位标准

　　围绕岗位所需加入"1+X"BIM 初、中级技能考点,以及部分 BIM 技能竞赛规范要求。依据校企合作模式的培训实践经验,企业项目案例贯穿全书,以满足岗位工作所需为度,采用活页式作为呈现形式,适当补充和拓展"相关知识与技能(活页)",由浅入深地引导学习者明确工作思路,自主学习完成工作任务。

　　3)启发思维,注重活学活用,鼓励多途径解决问题

　　在设定的工作情境中体会任务的多样性,在实践中启发学生综合应用、创新应用 BIM 技术的思维。

　　4)新型活页式教材具有灵活性、自助性

　　本书分为两个部分:第一部分为活页形式(设有工作情境、岗位任务、学习目标和评价标准等),其中设置的工作任务相对独立,零基础的初学者、具备一定基础的学习者、学习进度不一的自学者均可根据自身需求灵活选取相关任务进行自助组合学习;第二部分为技能点手册形式(详解每一个工作任务包含的所有技能点),发挥课程字典的作用,在辅助活页式教学的同时也利于学习者进行自助学习。

　　5)数字化、信息化,服务教学

　　在活页式教学中,根据多样性的任务条件,以二维码方式提供相关图纸、图片、样板、模型和族文件等;利用扫码进行在线练习并即时批改,为任务实施做准备、明思路、促自学;在实际操作步骤环节、知识与技能拓展环节,均可扫描二维码观看相关动画和视频资源。

本书由四川城市职业学院左艳、伍坪担任主编，四川志德岩土工程有限责任公司吕宝、付博和四川城市职业学院张丹宁担任副主编，四川城市职业学院赵万清、张耀文参与编写。具体编写分工如下：项目准备篇和结构建模篇及对应技能点手册部分由左艳编写；建筑建模篇中创建砖混墙体及门窗、创建楼屋面及对应技能点手册部分由张丹宁编写；建筑建模篇中创建幕墙、创建建筑楼梯及对应技能点手册部分由张耀文编写；建筑建模篇项目二（体量与族）和创新应用篇项目一（模型成果输出）及对应技能点手册部分由赵万清编写；创新应用篇项目二（模型创新应用）及对应技能点手册部分由吕宝、付博编写。全书由左艳负责校对及统稿，由伍坪负责核查教材内容的准确性及其与课程标准及教学大纲的吻合性等。本书配套图纸由四川城市职业学院和四川志德岩土工程有限责任公司共同提供。

本书在编写过程中，查阅和参考了大量文献资料，在此向其作者致以诚挚的谢意。

由于编者水平有限，书中难免存在不妥之处，恳请广大读者批评指正。

编　者
2024 年 1 月

目　录

项目准备篇

学习目标

　　(1)会从客户摘要和项目概况中获取相关信息并完成项目属性填写；

　　(2)能根据具体 BIM 实施要求完成建模环境设置；

　　(3)能准确完成项目样板设置,以确保在统一样板的基础上,各模型和各专业之间能够协作。

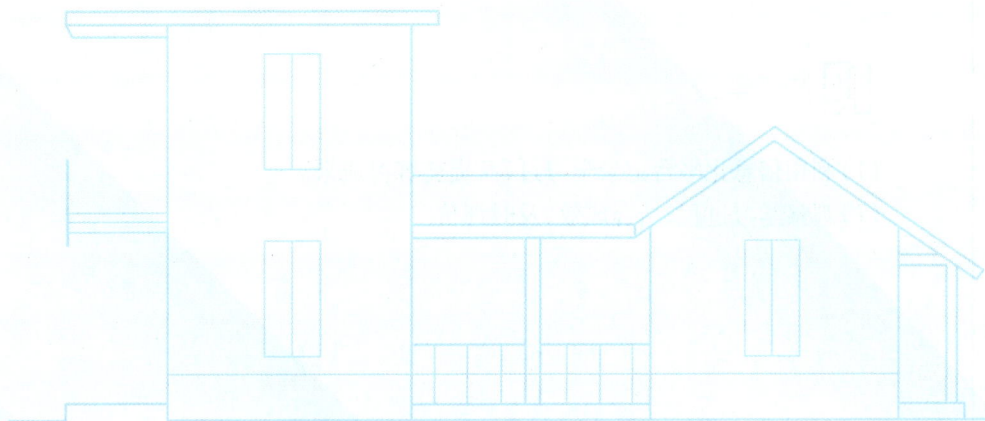

项目一 建模环境设置

任务一 项目信息设置

任务描述

某果乡利用本地优势打造特色文化旅游园区,园区内设采摘基地、生产加工体验区、特色风情街区等。该园区项目要求应用建筑信息模型(Building Information Modeling,BIM)技术进行项目设计和审查,BIM 软件采用 Revit 2024。为统一该园区内各建筑群的建模标准,本次任务要求 BIM 土建工程师在建模前先完成该园区的建筑样板文件。

知识目标

(1)熟悉 Revit 软件的操作界面。
(2)熟悉样板文件的创建与修改。
(3)了解软件内部原点、项目基点、测量点的含义。

技能目标

(1)能完成自定义样板文件的创建与修改。
(2)能输入工程相关信息,会设置软件建模环境。

素质目标

(1)自主获取任务相关信息。
(2)通过自定义样板文件,理解在协同工作中认真严谨的重要性,培养责任意识。

测评手段

(1)利用信息化平台记录学习过程,提交练习成果。
(2)观察学习过程,结合成效,及时评价。

▶ **任务实施一**

项目名称：某果乡园区 100 亩项目；

项目地址：××省××市果区果乡十八组；

开发商（客户）：××省××控股集团有限公司；

设计号（项目编号）：GG20770301。

应业主要求，本项目采用 Revit 2024 进行 BIM 建模。现需一名 BIM 土建工程师定制一个适用于本园区建筑群的建筑样板。

步骤 1：相关基础知识。

按照以上提供的项目有关信息，结合下文中的"相关知识与技能"，完成以下单选题。

①Revit 样板文件以（　　）为文件的后缀名。

A..rte B..rvt

②（　　）侧重于表达建筑外观、内部空间分隔与布局、装饰装修等。

A.构造样板 B.建筑样板 C.结构样板

③（　　）侧重于表达结构承重构件（基础、梁板柱、承重墙体等）的布置及相互关系等。

A.构造样板 B.建筑样板 C.结构样板

④（　　）为通用样板，各专业模型在该样板下均可显示、绘制、设置。

A.构造样板 B.建筑样板 C.结构样板

⑤（　　）反映建筑装饰面层完成面表面的标高。

A.结构标高 B.建筑标高

⑥（　　）就是 Revit 软件中平面系统坐标的原点。

A.内部原点 B.项目基点 C.测量点

⑦Revit 软件中，默认情况下（　　）与内部原点（即平面坐标原点）重合。

A.项目基点 B.测量点

⑧（　　）将模型参照和关联到真实的世界。

A.内部原点 B.项目基点 C.测量点

⑨（　　）就是 Revit 软件中的测量点。

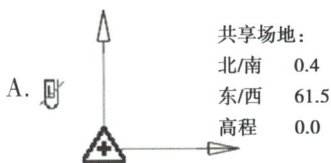 A. 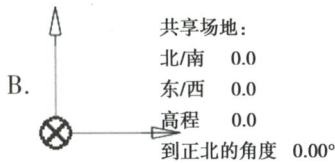 B.

⑩（　　）状态下可以直接单击定位数据（如"北/南"的数据）进行修改。

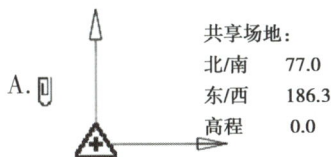 A.  B.

步骤 2：项目信息设置。

建模要求：

①坡度采用百分比，保留一位小数。

②角度采用"°"作单位，保留一位小数。

③建模操作的捕捉设置：仅保留"端点、中点、最近点、交点、垂直、点"这几个对象捕捉。

定制一个名为"某园区-建筑样板"的样板文件。要求添加上文提供的项目相关信息，满足以上建模要

输入工程概况　　设置建模环境

求,并以"某园区-建筑样板"为文件名保存(文件后缀名为".rte")。参见《BIM 建模实务——技能点手册》ZB-1-1.1,ZB-1-1.2。

　　步骤3:成果提交。

📊 评价反馈

各类评价反馈表,见表 1-1-1.1—表 1-1-1.3。

表 1-1-1.1　知识技能评分标准(参考)

序号	评价项	评分	备注(适用自评、互评、师评)
1	文件格式及命名正确	□0　□5	满分 5 分
2	样板文件为建筑样板	□0　□10	满分 10 分;设为结构或构造样板等其他类别,则为 0 分
3	工程相关项目信息填写正确		满分 20 分;错 1 处扣 5 分
4	建模环境设置满足建模要求		满分 40 分;错 1 处扣 5 分
5			
	小计		满分 75 分

表 1-1-1.2　职业素养评分标准(参考)

序号	评价项	评分	备注(适用自评、互评、师评)
1	自主学习的能力		满分 15 分
2	严谨细致、按要求进行实施的能力		满分 10 分
	小计		满分 25 分

表 1-1-1.3　任务评价与反馈(参考)

序号	评价项	评分	备注(适用自评、互评、师评)
1	知识与技能的掌握		见表 1-1-1.1
2	职业素养的树立		见表 1-1-1.2
	小计		满分 100 分

🔵 总结归纳

　　请根据本次任务的完成情况,进行相关知识与技能点的回顾;总结重、难点;梳理工作流程;归纳工作方法;记录自我感受。

_____

_____

_____

_____

_____

易错点

请根据个人任务完成情况，完成易错、易漏点汇总，以备后续加强练习。

_____

_____

_____

_____

_____

_____

相关知识与技能

点 1：什么是 Revit 样板文件？

Revit 样板文件以".rte"为扩展名（即文件的后缀名）。样板文件提供了项目建模之初的建模环境初始设置。样板文件设定了项目的初始参数，如注释、单位、线型、线宽等，确保建模及出图的统一性。BIM 工程师通常会根据工程项目的自身特点修改或自定义样板文件（如预设参数、项目信息等），以减少建模时的重复设置，既确保成果质量，又提高工作效率。

BIM 土建工程师常用的样板有三类：建筑样板、结构样板和构造样板。

点 2：Revit 中的建筑样板、结构样板和构造样板。

建筑样板：侧重于表达建筑外观、内部空间分隔与布局、装饰装修等，预载入了一些辅助表达建筑专业内容的构件，包括门窗、家具、植物等图元。视图常设置为仅显示建筑专业构件、仅建筑视图可见等。

结构样板：侧重于表达结构承重构件（如基础、梁板柱、承重墙体等）的布置及相互关系等，预设了一些结构构件的参数，包括梁板柱的截面信息等。结构样板中还增加了钢筋的相关信息，样板中主要显示结构视图，结构构件大多设置为仅出现于结构视图等。

构造样板：为通用样板，各专业模型在该样板下均可显示、绘制和设置。常用于个别较复杂的部位或节点进行多专业综合布置，以便于表达施工所需信息。

点 3：样板文件中创建标高及轴网。

建筑样板：在由多栋建筑组成的建筑群项目进行建模前，一般指定专人创建或修改一个统一的建筑样板。该样板除了对建模环境进行统一设置，还会创建建筑群体的主标高和建筑群体的轴网。此举有利于确保各个单体建筑建模的统一性和准确性，减少重复性，提高工作效率。

结构样板：做法同上。因为结构构件的定位标高与建筑标高通常有高差，所以结构样板还需要采用结构标高进行建模。

点 4：建筑标高与结构标高的区别。

建筑标高表达的是建筑装饰面层完成面表面的标高；结构标高表达的是结构构件表面不含装饰面层的标高。一般情况下，同一构件的建筑标高＝结构标高＋装饰面层厚度。

因此，建筑样板采用建筑标高，结构样板除有特殊要求外，一般采用结构标高。

点 5：Revit 中的内部原点、项目基点和测量点。

内部原点：Revit 中以"内部原点"为圆心的工作平面就是平面建模区域，即建模区域是有边界的，超出边界将无法进行建模。"内部原点"即 Revit 软件中平面系统坐标的原点。内部原点（即平面坐标原点）一般不会显示，但可以通过选中"项目基点"，单击鼠标右键选择"移动到内部原点"，使得"项目基点"与"内部原点"重合,从而显示出"内部原点"的位置,如图 1-1-1.1—图 1-1-1.3 所示。

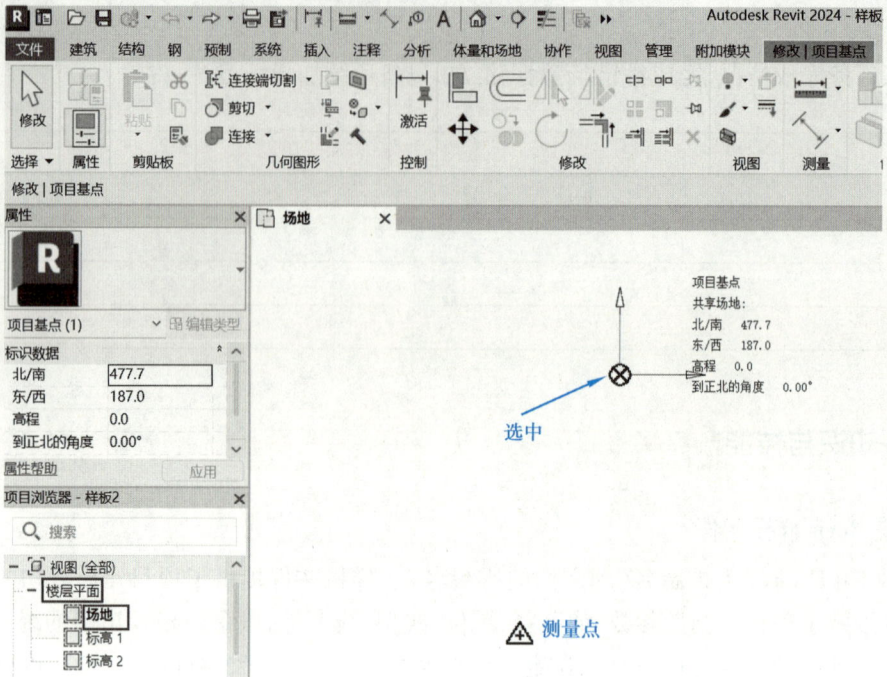

图 1-1-1.1　选中项目基点

图 1-1-1.2　移动项目基点

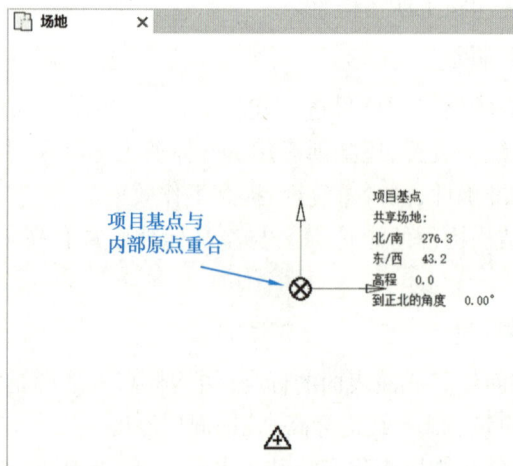

图 1-1-1.3　项目基点与内部原点重合

项目基点：软件中，默认情况下项目基点与内部原点（即平面坐标原点）重合，项目基点可以在平面建模区域内被移动，可用于模型中的定位和距离测量。项目基点常被放置在建筑物的轴线交点上，或建筑物转角处；也可按照指定坐标设置项目基点坐标，如图 1-1-1.4 所示。

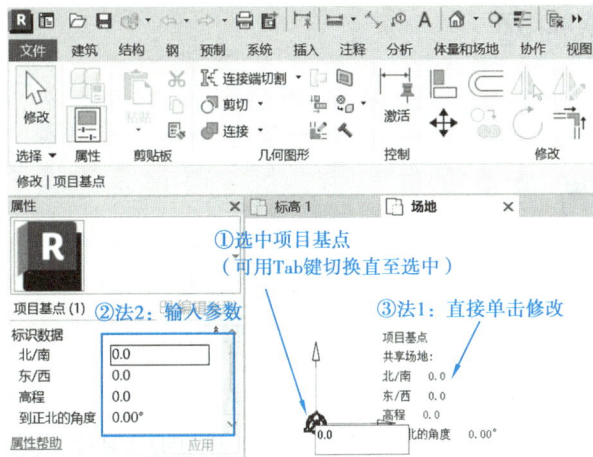

图 1-1-1.4　设置项目基点坐标

测量点：代表真实世界中的点，为模型提供真实世界的定位参照。例如，将它放置在工程实际土地测量标记点，或放置在建筑红线的交点处，从而将模型参照和关联到真实的世界。软件中，可通过输入指定坐标来移动测量点，如图 1-1-1.5、图 1-1-1.6 所示。

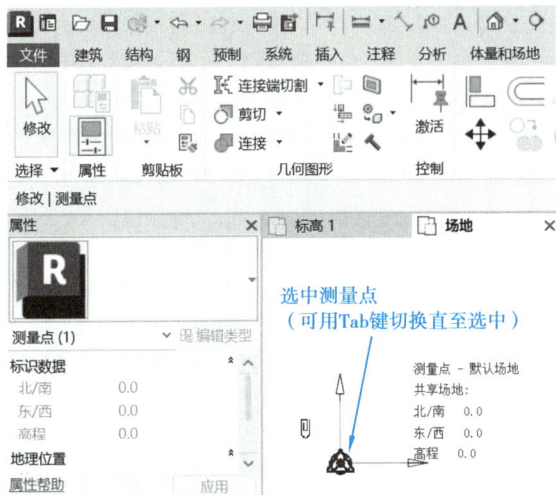

图 1-1-1.5　选中测量点

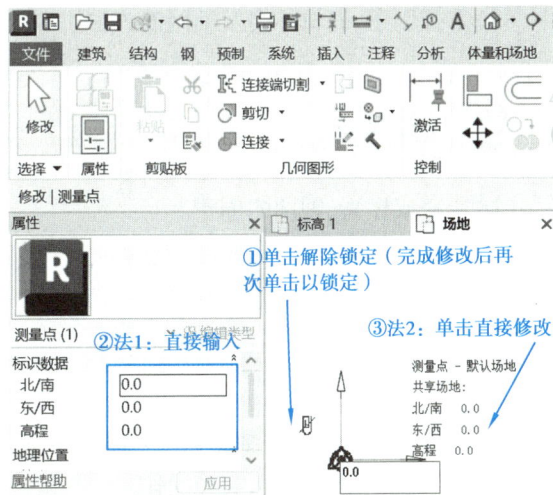

图 1-1-1.6　设置测量点坐标

点 6：什么是建筑红线？

建筑红线一般称为建筑控制线，是建筑物基地位置的控制线。

项目二 **创建标高轴网**

任务一　创建标高轴网

任务描述

　　某果乡将文化与旅游相结合,鼓励特色文化旅游、采摘基地建设,致力打造突出当地花果农村地方特色的品质化乡村旅游建设。本任务是完成该美丽乡村项目中一栋酒店的标高与轴网创建。

知识目标

(1)熟悉标高、轴网的操作界面。
(2)掌握创建、编辑标高及轴网的方法。

技能目标

(1)能完成标高、轴网的创建。
(2)会修改标高、轴网的属性信息。

素质目标

(1)自主识图获取相关数据信息。
(2)严谨、细致地按要求实施操作。

测评手段

(1)利用信息化平台记录学习过程、提交练习成果。
(2)观察学习过程,结合成果的提交,进行综合评价。

▶ **任务实施一**

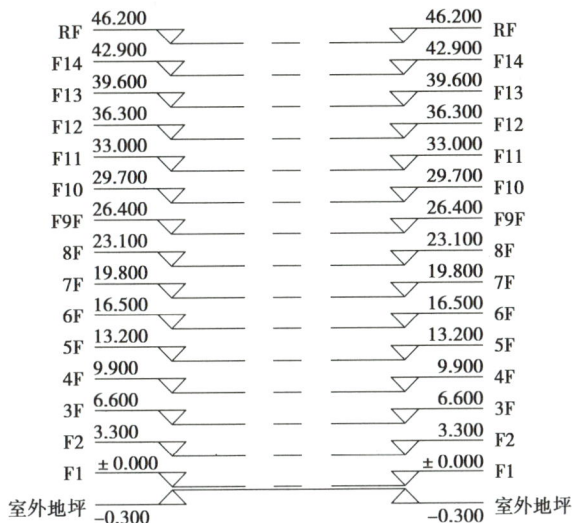

图 1-2-1.1　给定标高

步骤 1：自主获取标高信息。

结合本任务中的"相关知识与技能"，完成以下单选题。

①图 1-2-1.1 中标高线均为（　　）。

A. 两侧标注标高数据　　　B. 单侧标注标高数据

②图 1-2-1.1 中给定的标高属于（　　）。

A. 绝对标高　　　　　　　B. 相对标高

③图 1-2-1.1 中标高±0.000 在 Revit 中的属性为（　　）。

A. 正、负零标高　　　　　B. 上标头　　　　　　　C. 下标头

④图 1-2-1.1 中标高 6.600 在 Revit 中的属性为（　　）。

A. 正、负零标高　　　　　B. 上标头　　　　　　　C. 下标头

⑤图 1-2-1.1 中标高−0.300 在 Revit 中的属性为（　　）。

A. 正、负零标高　　　　　B. 上标头　　　　　　　C. 下标头

步骤 2：创建标高。

按照图 1-2-1.1 提供的信息创建名为"标高"的样板文件。要求标高的标头显示及数据与图中一致，并以"标高"为文件名保存（文件后缀名为".rte"）。参见《BIM 建模实务——技能点手册》ZB-2-1.1。

在线练习

创建标高

▶ **任务实施二**

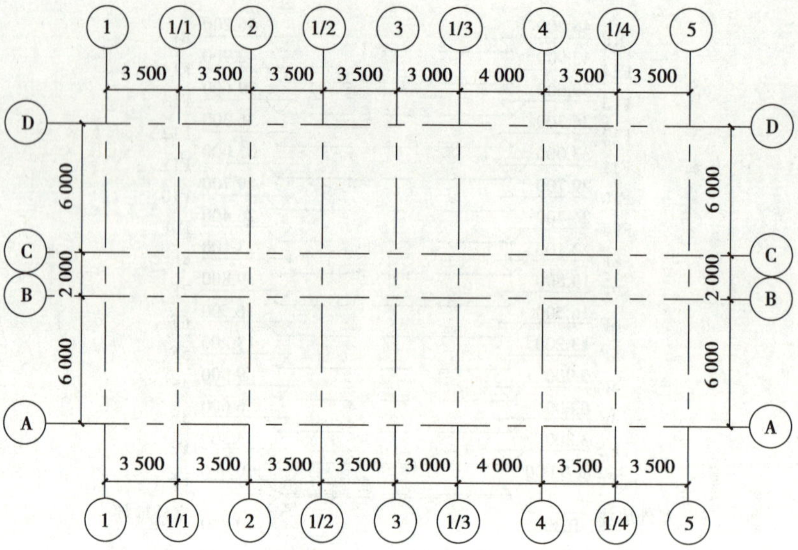

图 1-2-1.2　给定轴网

步骤 3：自主获取轴网信息。

结合本任务中的"相关知识与技能"，完成以下单选题。

①图 1-2-1.2 中给定的主轴①、②、③、④、⑤号轴线间距为（　　）mm。

A. 3 500　　　　　　　　　　　　　　　　　B. 7 000

②在 Revit 软件中创建图 1-2-1.2 的轴网，若已经绘制完成①号轴线，现拟对①号轴使用"阵列（AR）"命令绘制②、③、④、⑤号轴线，应输入"项目数："为（　　）。

A. 4　　　　　　　　　　　　　　　　　　B. 5

③在 Revit 软件中，对两轴线间距进行标注，经调整标注尺寸的（　　），使图 1-2-1.3 修改后如图 1-2-1.4 所示。（提示：注意图中箭头所指部位的变化）

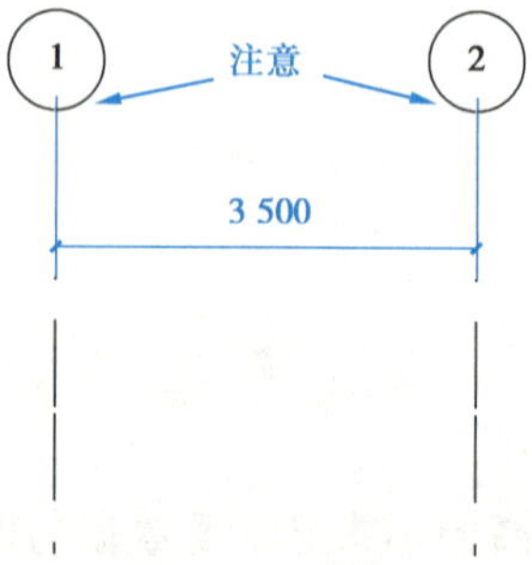

图 1-2-1.3　修改前 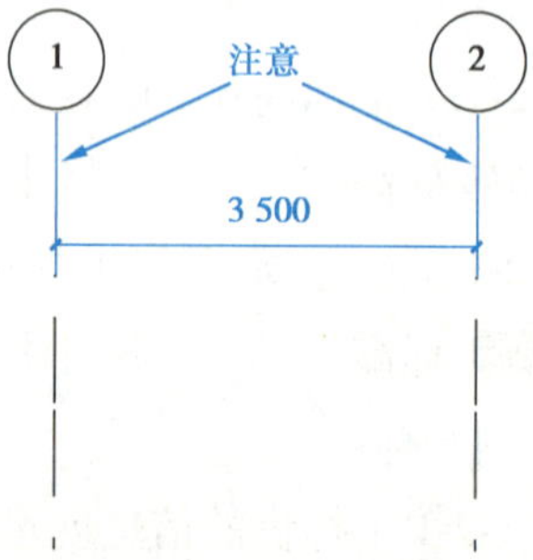　　　　　　　　　　　　图 1-2-1.4　修改后

A. 尺寸标注记号的对角线长　　　　　　B. 尺寸界线长度

④平面图上垂直轴线采用阿拉伯数字从左至右的顺序编写，水平轴线采用字母（　　）的顺序编写。

A. 从下至上　　　　　　　　　　　　　B. 从左至右

⑤图 1-2-1.2 的轴线在 Revit 中编辑类型属性时，设置了"轴线中段"（　　），所以图中轴线中段显示连续效果。

A. 连续　　　　　　　　　　　　　　　B. 无

步骤 4：创建轴网。

将上文中的"标高.rte"文件按照图 1-2-1.2 修改创建为新的项目样板文件，要求轴号及标注的显示与图中的一致（轴号及标注采用文件中默认类型属性进行修改），并以"标高轴网"为文件名保存（文件后缀名为".rte"）。参见《BIM 建模实务——技能点手册》ZB-2-1.2。

步骤 5：成果提交。

在线练习

创建轴网

⩗⩗ 评价反馈

各类评价反馈表，见表 1-2-1.1—表 1-2-1.3。

表 1-2-1.1　知识技能评分标准（参考）

序号	评价项	评分	备注（适用自评、互评、师评）
1	文件格式及命名正确	□0　□5	满分 5 分
2	"室外地坪""1F～RF"命名正确		满分 5 分；错 1 处扣 1 分
3	上、下标头显示与图一致	□0　□5	满分 5 分
4	−0.300～46.200 标高数值正确		满分 10 分；错 1 处扣 2 分
5	数字轴线绘制正确		满分 10 分；错 1 处扣 2 分
6	数字轴线轴号正确		满分 10 分；错 1 处扣 2 分
7	字母轴线绘制正确		满分 10 分；错 1 处扣 2 分
8	字母轴线轴号正确		满分 10 分；错 1 处扣 2 分
9	数字轴线间尺寸标注正确		满分 5 分；错 1 处扣 1 分
10	字母轴线间尺寸标注正确		满分 5 分；错 1 处扣 1 分
	小计		满分 75 分

表 1-2-1.2　职业素养评分标准（参考）

序号	评价项	评分	备注（适用自评、互评、师评）
1	自主学习的能力		满分 15 分
2	严谨细致按图实施的能力		满分 10 分
	小计		满分 25 分

表 1-2-1.3　任务评价与反馈（参考）

序号	评价项	评分	备注（适用自评、互评、师评）
1	知识与技能的掌握		见表 1-2-1.1
2	职业素养的树立		见表 1-2-1.2
	小计		满分 100 分

⊙ 总结归纳

　　请根据本任务的完成情况,进行相关知识与技能点的回顾;总结重、难点;梳理工作流程;归纳工作方法;记录自我感受。

_____

_____

_____

_____

_____

🗒 易错点

　　请根据个人任务完成情况,完成易错、易漏点汇总,以备后续加强练习。

_____

_____

_____

_____

_____

_____

_____

A/B 相关知识与技能

一分钟认识标高

点 1:相对标高与绝对标高。

　　相对标高:一般以建筑物的首层室内主要房间的地面为零点,表示某处距首层零点的高度。

　　绝对标高:也称海拔高度、绝对高程。我国把青岛附近黄海的平均海平面定为绝对标高的零点,全国各地的标高均以此为基准。

点 2:编辑标头族。

　　标高的标头是一种族(注释符号),可以编辑标头族。在 Revit 软件中,双击“项目浏览器”中的“族”,如图 1-2-1.5 所示;选中“上标高标头”,编辑该标头族,如图 1-2-1.6、图 1-2-1.7 所示;进入该标头族编辑,可修改标头名称“前缀”或“后缀”,如图 1-2-1.8、图 1-2-1.9 所示;单击“修改|标记标签”选项卡中的“载入到项目”或“载入到项目并关闭”,在弹出的“保存文件”对话框中,选中“是”,如图 1-2-1.10、图 1-2-1.11 所示;修改确认该标头族的族文件名,并保存,如图 1-2-1.12 所示。

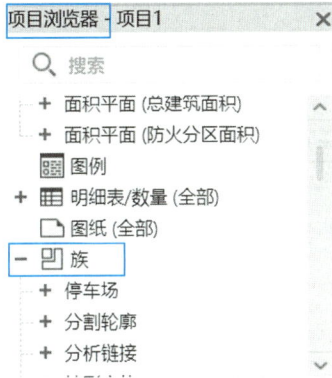

图 1-2-1.5　项目浏览器-族　　　　　　　　图 1-2-1.6　族-注释符号-上标高标头

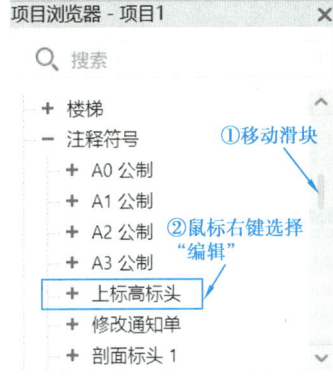

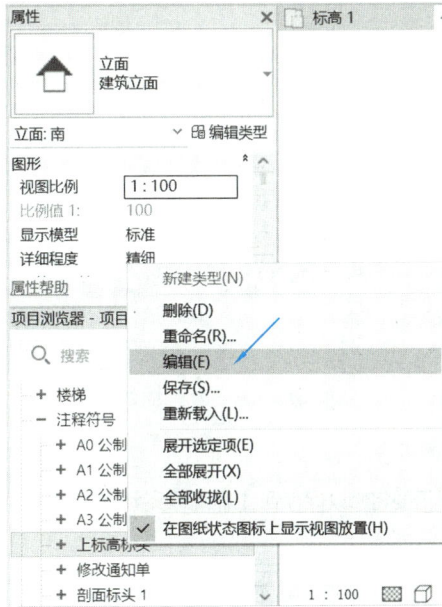

图 1-2-1.7　上标高标头-编辑

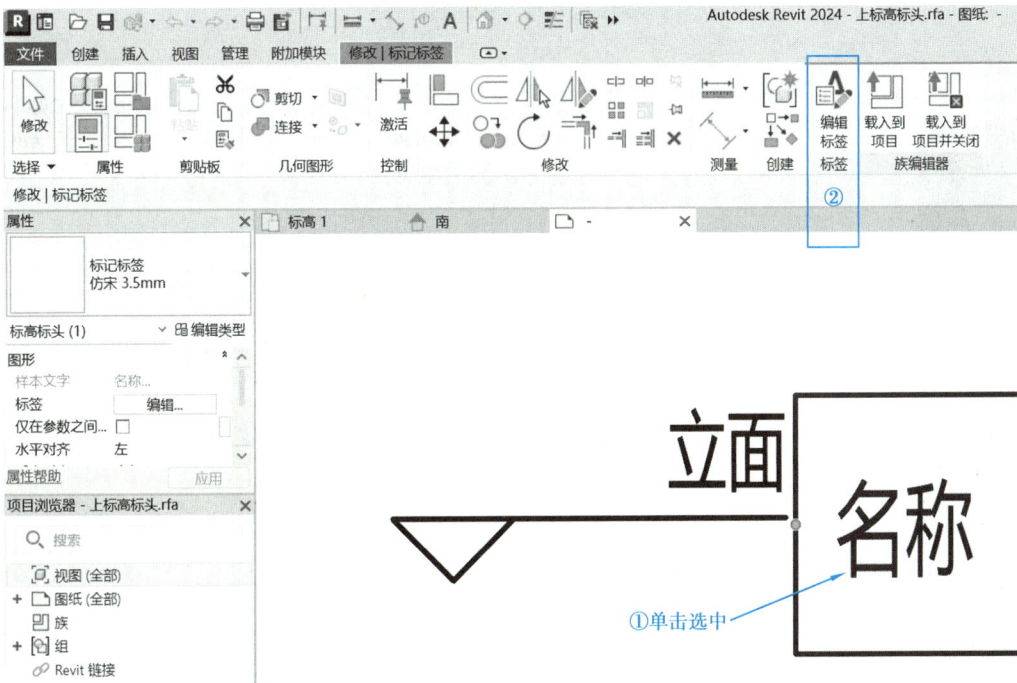

图 1-2-1.8　名称-编辑

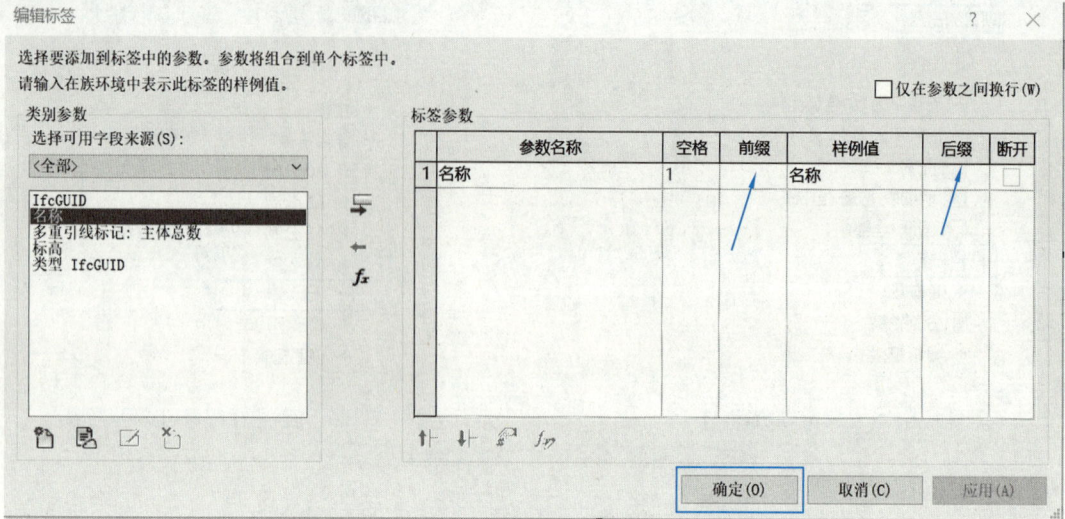

图 1-2-1.9　编辑标签

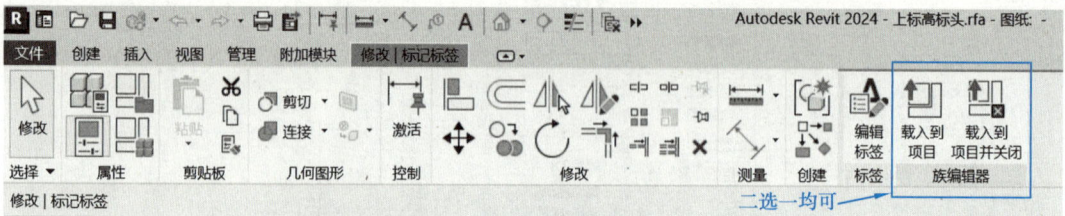

图 1-2-1.10　载入项目

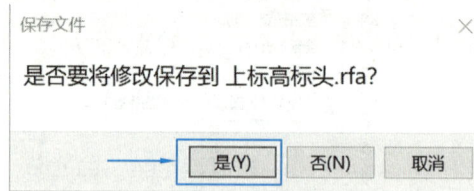

图 1-2-1.11　保存修改

图 1-2-1.12　保存族文件

点 3：Revit 软件中"阵列"命令的使用。

阵列命令用于创建重复的模型实例，阵列类型有线性阵列和半径阵列两种。

选中一个模型实例 A，当使用线性阵列时，可以指定"项目数"（此时数量包括原模型实例 A），如图 1-2-1.13、图 1-2-1.14 所示。

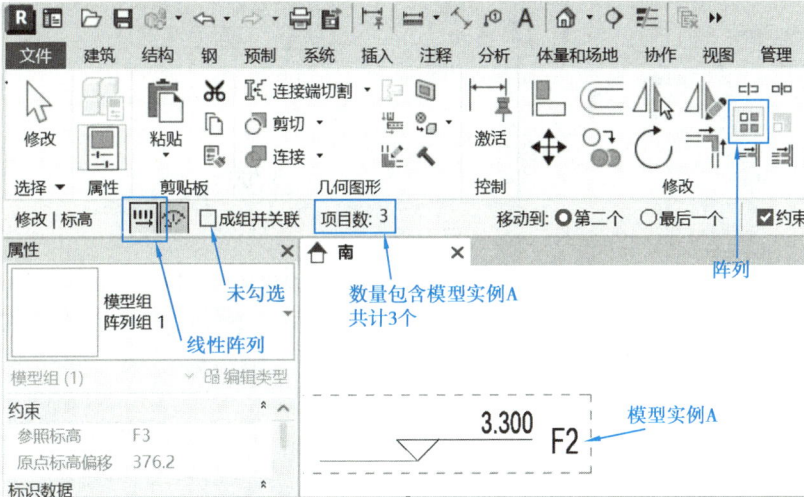

图 1-2-1.13　线性阵列-未成组关联

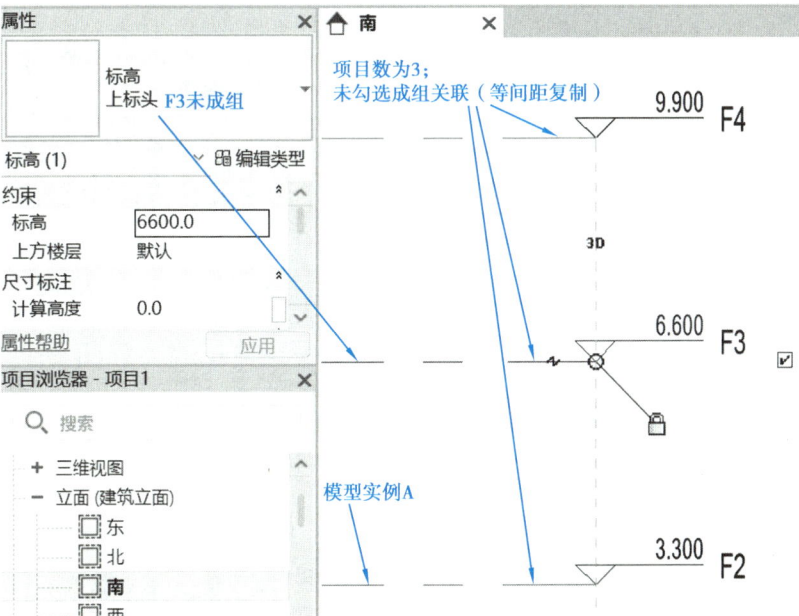

图 1-2-1.14　未成组关联（等间距复制）

未勾选"成组并关联"，则阵列对象只是复制效果，彼此并不成组关联；若勾选"成组并关联"，会使阵列的对象形成一个组，如图 1-2-1.15、图 1-2-1.16 所示。

选中一个模型实例①号轴，使用半径阵列时，则围绕一个旋转中心点（确定半径）创建出环形或圆形排列的模型实例，如图 1-2-1.17—图 1-2-1.20 所示。其中，"项目数"和"成组并关联"的设置方法同上。

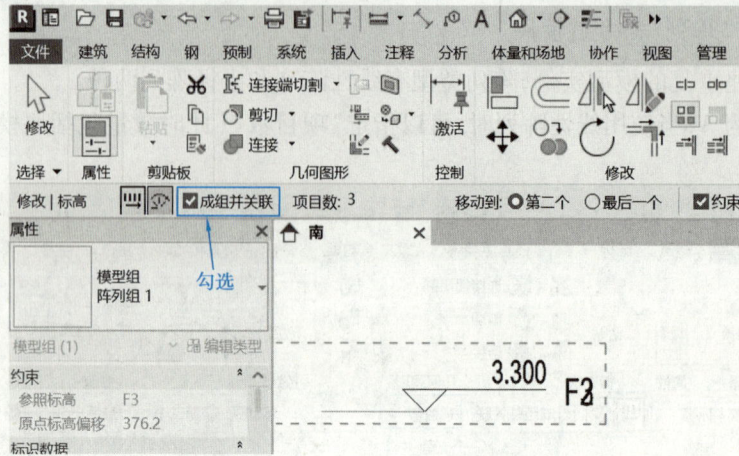

图 1-2-1.15　线性阵列-成组关联

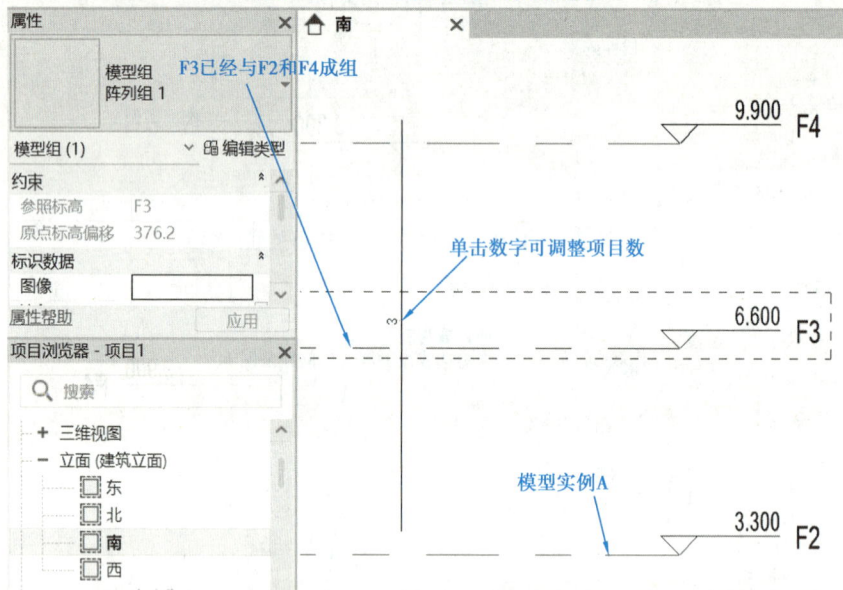

图 1-2-1.16　成组关联

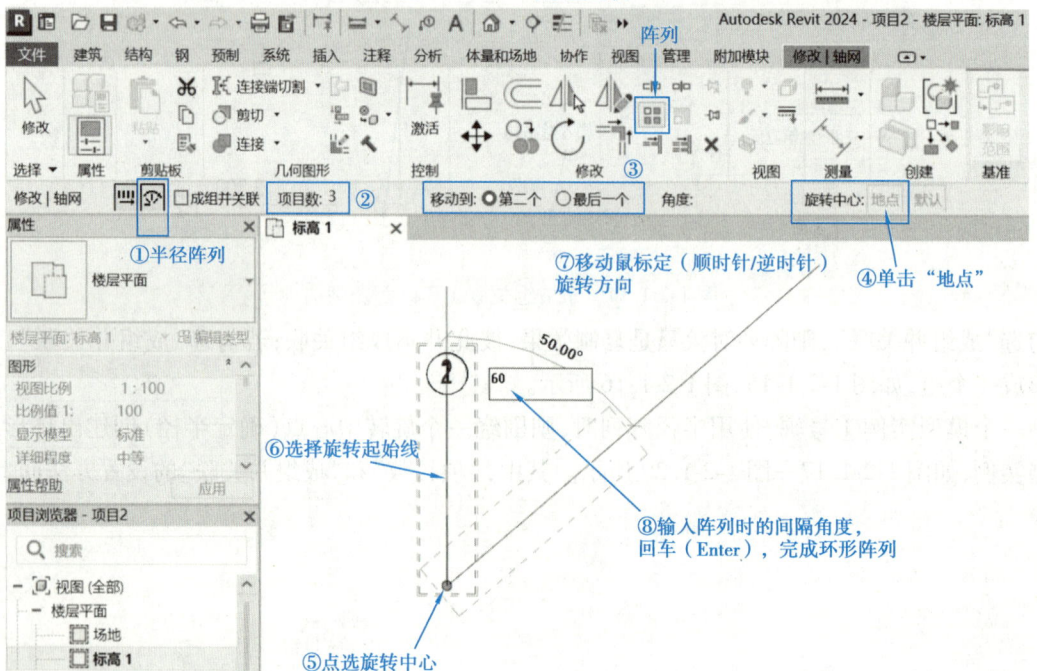

图 1-2-1.17　半径阵列-环形等角度复制

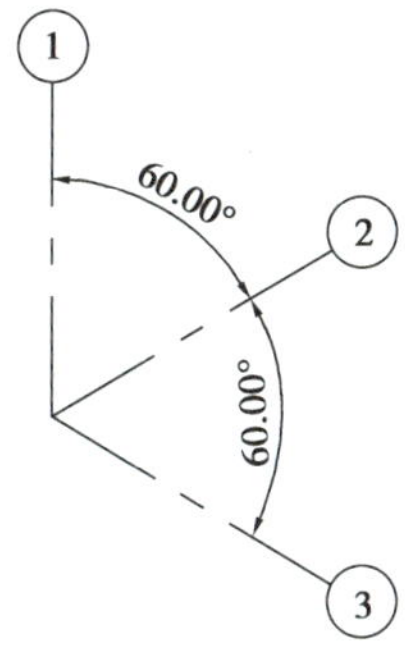

图 1-2-1.18 环形阵列

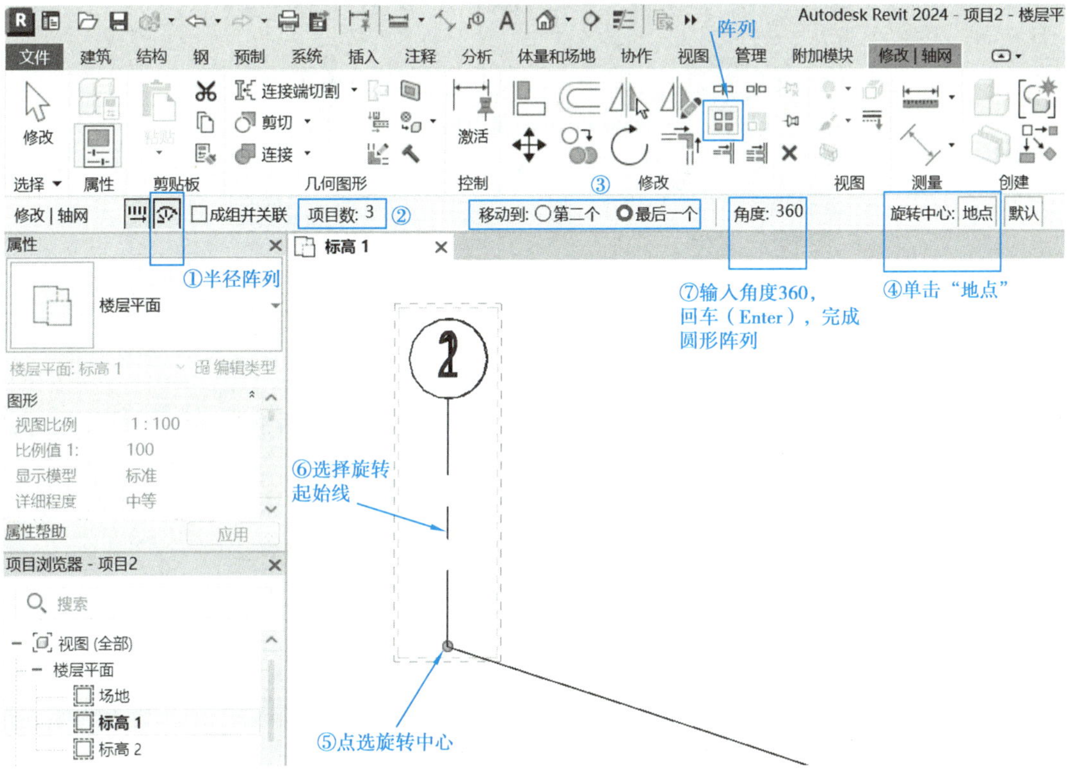

图 1-2-1.19 半径阵列-圆形等分复制

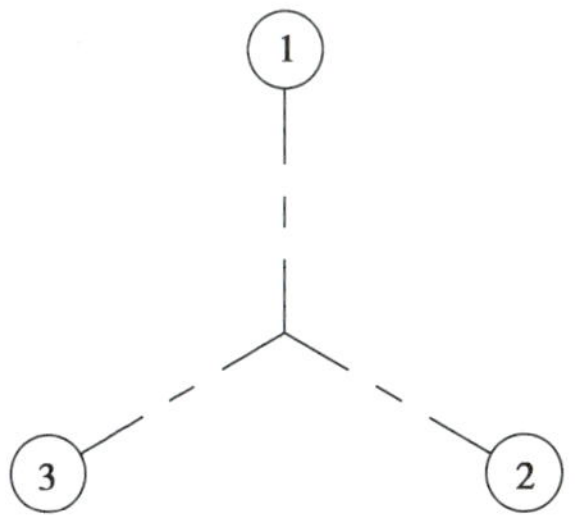

图 1-2-1.20 圆形阵列

点 4:主轴线与附加轴线。

平面图上,垂直轴线的轴号从左至右用阿拉伯数字进行编号;水平轴线的轴号从下至上用拉丁字母进行编号,拉丁字母的 I、O、Z 不得用做轴线编号。两轴线之间的附加轴线以分数形式表示,用分母表示前一轴线的编号,分子表示附加轴线的标号,如轴号②⁄①表示①轴后面第二根附加轴线。Ⓐ轴或①轴之前的附加轴线也用分数表示,如轴号①⁄01表示①轴之前第一根附加轴线,轴号③⁄0A表示Ⓐ轴之前第三根附加轴线。

点 5：Revit 软件中注释尺寸的调整。

单击标题栏"注释"进入注释选项卡，单击"对齐"可先后选中①、②轴线，在空白处单击任意位置完成标注尺寸的放置，如图 1-2-1.21 所示。

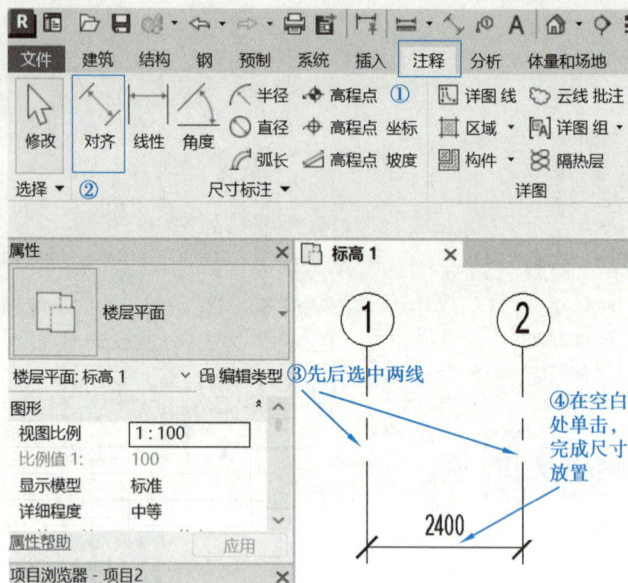

图 1-2-1.21　标注尺寸

查看尺寸属性，如图 1-2-1.22、图 1-2-1.23 所示；尺寸"类型属性"对话框中显示了标注尺寸的各项参数，可根据需要进行参数调整。

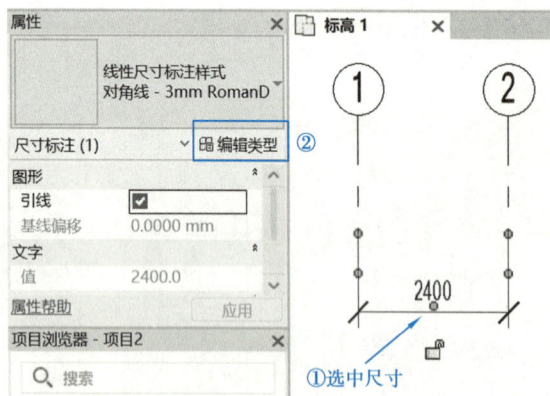

图 1-2-1.22　查看尺寸类型

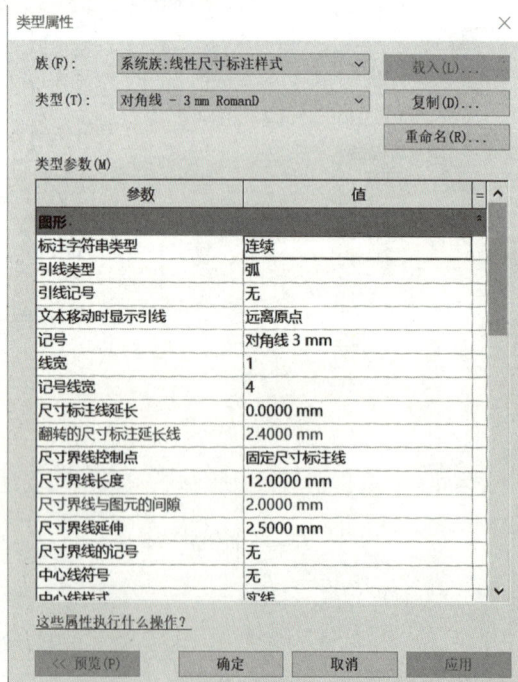

图 1-2-1.23　类型属性设置

标注尺寸的"尺寸界线""尺寸界线延伸"（图 1-2-1.24），调整二者的参数，如图 1-2-1.25 所示，单击"确定"按钮后的效果如图 1-2-1.26 所示。

类型属性

族(F)： 系统族:线性尺寸标注样式

类型(T)： 对角线 - 3 mm RomanD

载入(L)...
复制(D)...
重命名(R)...

类型参数(M)

参数	值	=
图形		
标注字符串类型	连续	
引线类型	弧	
引线记号	无	
文本移动时显示引线	远离原点	
记号	对角线 3 mm	
线宽	1	
记号线宽	4	
尺寸标注线延长	0.0000 mm	
翻转的尺寸标注延长线	2.4000 mm	
尺寸界线控制点	固定尺寸标注线	
尺寸界线长度	12.0000 mm	
尺寸界线与图元的间隙	2.0000 mm	
尺寸界线延伸	2.5000 mm	
尺寸界线的记号	无	
中心线符号	无	
中心线样式	实线	

改为6 mm

改为6 mm

这些属性执行什么操作？

<< .预览(P)   确定   取消   应用

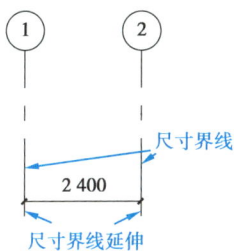

图 1-2-1.24 尺寸界线及其延伸

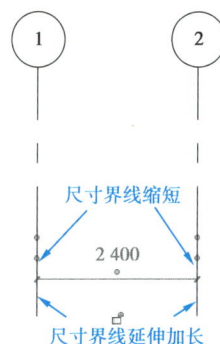

图 1-2-1.25 修改尺寸界线及其延伸参数

图 1-2-1.26 尺寸界线及其延伸修改后

建筑建模篇

学习目标

（1）会利用已有样板文件完成建筑专业 BIM 模型的创建；

（2）能根据具体项目的多样性、具体情形的灵活性等进行建筑模型的编辑与修改；

（3）针对部分特殊造型或特殊构件，具备一定的分析问题、解决问题的能力，具备一定的异形造型或构件的建模能力。

项目一　单体建筑建模

任务一　创建砖混墙体及门窗

图纸及资料

任务描述

　　某社区爱心食堂在设计招标阶段,需要向建设单位展示食堂外立面的墙体和门窗,墙体为建筑物的支撑,墙体的尺寸和厚度会影响建筑的承载力,门窗的位置会影响建筑整体美观和采光通风。本任务要求按照建模流程,严谨细致地以正确的尺寸和位置完成该建筑墙体及门窗的创建。

知识目标

　　(1)掌握 CAD 图纸导入 Revit 的方法。
　　(2)掌握墙体创建与编辑的方法。
　　(3)理解墙体分层和参照线。
　　(4)掌握门窗插入、放置和编辑的方法。

技能目标

　　(1)能创建与编辑墙体。
　　(2)会插入、放置和编辑门窗。

素质目标

　　(1)具备细致观察、严谨分析图纸的能力。
　　(2)具备自觉的科学态度,以缜密严谨的方式完成模型创建。

测评手段

　　(1)利用信息化平台记录学习过程,提交练习成果。
　　(2)观察并结合过程和效果,及时评价。

📹 **任务实施一**

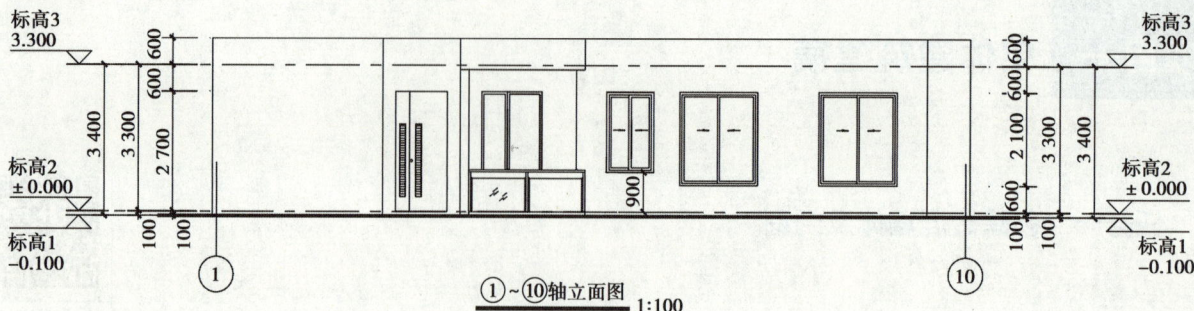

图 2-1-1.1　①～⑩轴立面图

步骤 1：识图与导图基础知识。

①图 2-1-1.1 中，标高±0.000 在 Revit 中的属性为（　　）。

A. 正、负零标高　　　　　B. 上标头　　　　　　　C. 下标头

②图 2-1-1.1 中，标高 3.300 在 Revit 中的属性为（　　）。

A. 正、负零标高　　　　　B. 上标头　　　　　　　C. 下标头

③图 2-1-1.1 中，标高−0.100 在 Revit 中的属性为（　　）。

A. 正、负零标高　　　　　B. 上标头　　　　　　　C. 下标头

④图 2-1-1.1 中，标高线均为（　　）。

A. 两侧标注标高数据　　　B. 单侧标注标高数据

⑤在创建 BIM 模型时，通常会插入 CAD 图纸作为底图参考画图，要完成此步骤应单击图 2-1-1.2 Revit 插入面板中（　　）按钮。

图 2-1-1.2　Revit 插入面板

A. 导入图像　　　　　　　B. 导入 CAD

⑥CAD 图纸插入 Revit 时，导入单位应选择（　　）。

A. 厘米　　　　　　　　　B. 毫米

步骤 2：导图及创建标高。

选定"建筑样板"文件，插入 CAD 底图，并按照图 2-1-1.1，创建项目标高，要求标高的标头显示与图一致，并以"标高"为文件名保存（文件后缀名为". rvt"）。参见《BIM 建模实务——技能点手册》JZ-1-1.1 和 JZ-1-1.2。

▶ **任务实施二**

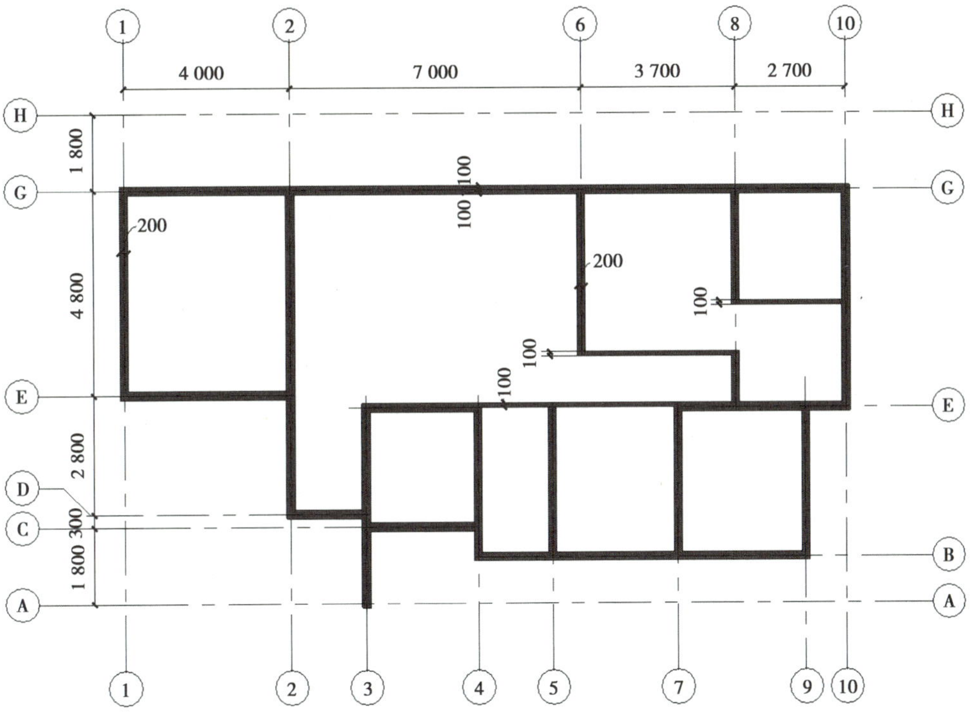

图 2-1-1.3 墙平面图

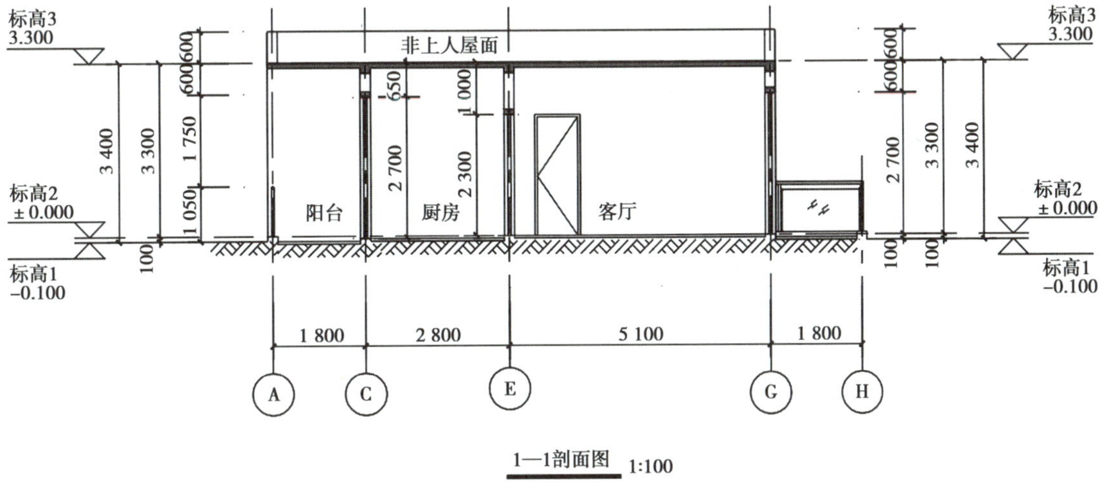

1—1剖面图 1:100

图 2-1-1.4 1—1 剖面图

步骤 3：墙体识图与操作基础知识。

识读上图，结合《BIM 建模实务——技能点手册》JZ1-1-1.3，完成下列单选题：

①图 2-1-1.3 中，外墙厚度为（　　　）。

A. 150 mm　　　　　　　　　　　　　　B. 200 mm

②图 2-1-1.3 中，包含两种厚度的内墙，厚度分别是（　　　）。

A. 150 mm 和 200 mm　　　　　　　　　B. 100 mm 和 200 mm

③图 2-1-1.4 中，外墙底部标高和顶部标高分别是（　　　）。

A. −0.100，3.900 m　　　　　　　　　　B. ±0.000 m，3.600 m

④图 2-1-1.4 中，内墙底部标高和顶部标高分别是（　　　）。

A. −0.100 m,4.000 m   B. −0.100 m,3.300 m

⑤根据图 2-1-1.5 外墙技术措施表,外墙核心层是(　　)。

A. 烧结多孔砖   B. 钢筋混凝土

外墙	1.贴面砖	建筑面层约50 mm厚
	2.10 mm厚1:1水泥砂浆结合层	
	3.20 mm厚1:2.5水泥砂浆找平层	
	4.烧结多孔砖墙	详平面

图 2-1-1.5　外墙技术措施表

⑥根据图 2-1-1.5 外墙技术措施表,外墙建筑装饰层和结构层厚度分别是(　　)。

A. 50 mm,200 mm   B. 50 mm,150 mm

⑦"面墙"创建按钮位于(　　)模块。

A. 建筑面板   B. 结构面板

⑧当建筑样板中找不到所需的墙体类型和厚度时,应(　　)。

A. 直接将已有的墙体进行编辑

B. 新建墙类型:将已有的墙体复制为新名称再进行编辑

⑨墙体设置时应单击图 2-1-1.6 中(　　)按钮进行厚度和材质的设定。

A. 结构编辑   B. 结构材质

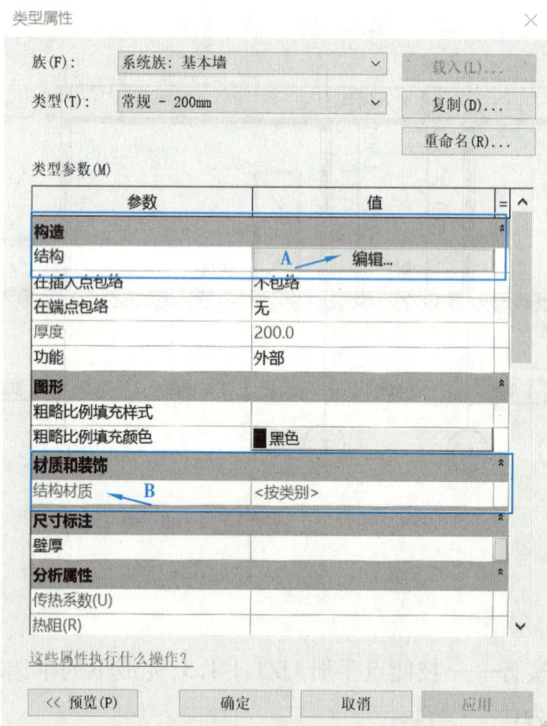

图 2-1-1.6　"类型属性"编辑

⑩墙体绘制时,选择定位线的原则是(　　)。

A. 参照轴线与墙的关系   B. 随意选择

步骤4：创建墙体。

打开上文中的"标高.rvt"文件，按照图2-1-1.3与图2-1-1.4所示创建建筑物的外墙和内墙，要求墙体厚、平面位置和墙高显示与图中一致，并以"墙体"为文件名保存（文件后缀名为".rvt"）。参见《BIM建模实务——技能点手册》JZ-1-1.3—JZ-1-1.5。

创建墙体

▶ 任务实施三

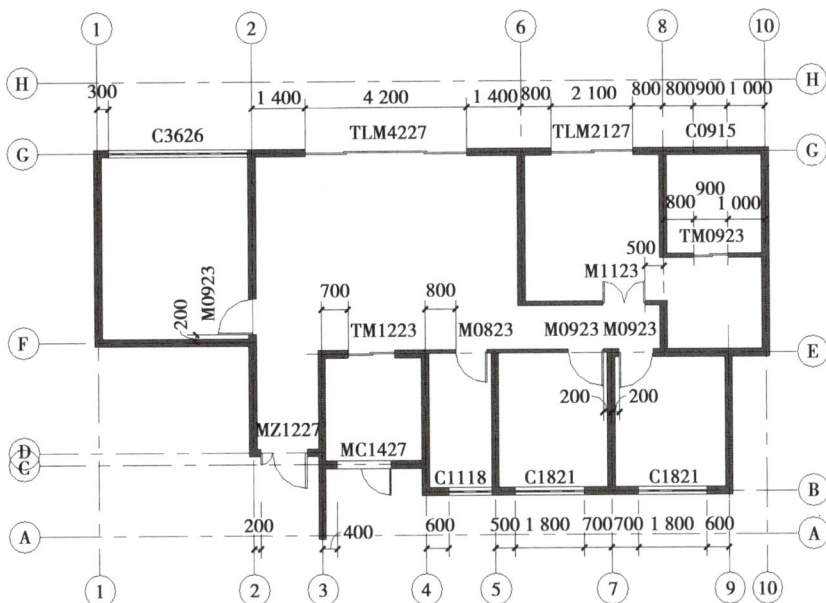

图2-1-1.7　门窗平面图

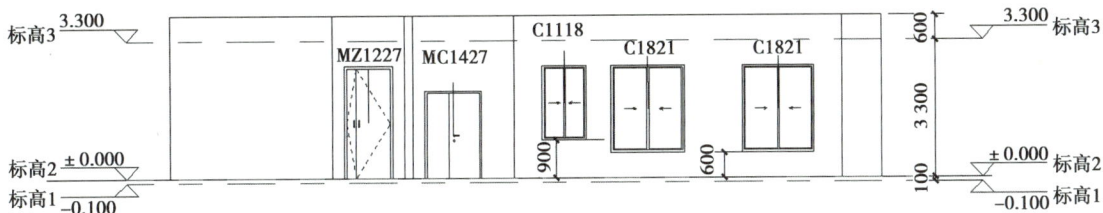

图2-1-1.8　①~⑩轴立面图

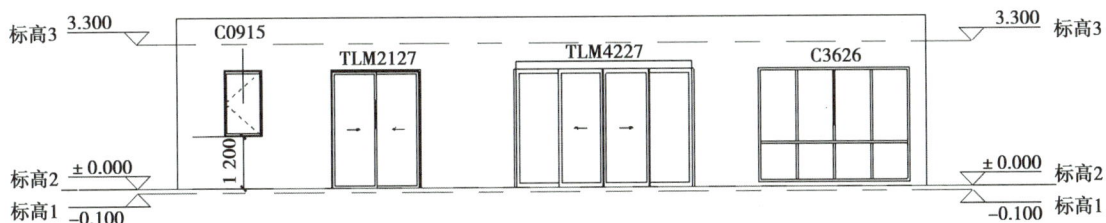

图2-1-1.9　⑩~①轴立面图

步骤5：门窗识图与操作基础知识。

识读上图，结合《BIM建模实务——技能点手册》JZ-1-1.6、JZ-1-1.8，完成下列单选题：

①图2-1-1.7中，门MZ1227的尺寸是（　　　）。

A. 高1 200 mm、宽2 700 mm

B. 高2 700 mm、宽1 200 mm

②图2-1-1.7中，门TLM4227的类型是（　　　）。

A. 推拉门

B. 双开门

在线练习

③图 2-1-1.7 中，门 M0823 和 M0923 的类型是(　　)。

A. 单开门　　　　　　　　　　　　　　B. 双开门

④图 2-1-1.8 中，窗 C1118 的尺寸和窗台高度是(　　)。

A. 高 1 100 mm、宽 1 800 mm，窗台高 600 mm　　　B. 高 1 800 mm、宽 1 100 mm，窗台高 900 mm

⑤图 2-1-1.8 中，窗 C1118 属于(　　)。

A. 平开窗　　　　　　　　　　　　　　B. 推拉窗

⑥要载入门窗构件，应选择图 2-1-1.10 中(　　)。

A. 载入族　　　　　　　　　　　　　　B. 从文件插入

⑦修改门窗高度和宽度，应选择图 2-1-1.11 中(　　)。

A. 编辑类型　　　　　　　　　　　　　B. 标高和底高度

图 2-1-1.10　载入菜单　　　　　图 2-1-1.11　窗属性

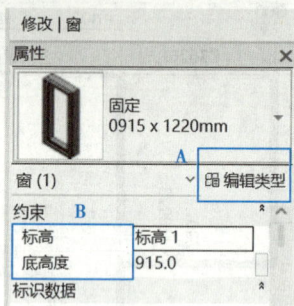

⑧门窗在放置时方向与图纸不一致，可以按空格调整方向。(　　)

A. 正确　　　　　　　　　　　　　　　B. 错误

⑨激活"在放置时进行标记"功能，可在放置门窗时自动标记类型。(　　)

A. 正确　　　　　　　　　　　　　　　B. 错误

步骤 6：创建门窗。

打开上文中的"墙体.rvt"文件，按照图 2-1-1.7—图 2-1-1.9 所示插入和编辑门窗，要求门窗的尺寸和位置显示与图一致，并以"门窗"为文件名保存(文件后缀名为".rvt")。参见《BIM 建模实务——技能点手册》JZ-1-1.6—JZ-1-1.8。

步骤 7：成果提交。

📊 评价反馈

各类评价反馈表，见表 2-1-1.1—表 2-1-1.3。

表 2-1-1.1　知识技能评分标准(参考)

序号	评价项	评分	备注(适用自评、互评、师评)
1	文件格式及命名正确	□0　□5	满分 5 分
2	标高数值和表头显示与图纸一致	□0　□5	满分 5 分
3	墙体厚度和位置与图纸一致		满分 20 分；错 1 处扣 2 分
4	外墙高度与图纸一致	□0　□5	满分 5 分
5	内墙高度与图纸一致	□0　□5	满分 5 分
6	门类型、尺寸和位置与图纸一致		满分 15 分；错 1 处扣 2 分
7	窗类型、尺寸和位置与图纸一致		满分 15 分；错 1 处扣 2 分
8	窗台高度与图纸一致		满分 5 分；错 1 处扣 1 分
小计			满分 75 分

表 2-1-1.2　职业素养评分标准（参考）

序号	评价项	评分	备注（适用自评、互评、师评）
1	自主学习的能力		满分 20 分；错 1 处扣 2 分
2	严谨细致按图实施的能力		满分 5 分
	小计		满分 25 分

表 2-1-1.3　任务评价与反馈（参考）

序号	评价项	评分	备注（适用自评、互评、师评）
1	知识与技能的掌握		见表 2-1-1.1
2	职业素养的树立		见表 2-1-1.2
	小计		满分 100 分

总结归纳

　　请根据本任务的完成情况，进行相关知识与技能点的回顾；总结重、难点；梳理工作流程；归纳工作方法；记录自我感受。

_____

_____

_____

_____

_____

_____

易错点

请根据个人任务完成情况，完成易错、易漏点汇总，以备后续加强练习。

_____

_____

_____

_____

_____

_____

相关知识与技能

点 1：墙体分层与参照线。

①墙的核心层：墙体的主体构造层称为"核心层"，核心层以外的饰面层与填充层统称为"附着层"，如图

2-1-1.12 所示。

- 10 mm厚外抹灰
- 30 mm厚保温
- 240 mm厚砖
- 20 mm厚内抹灰

核心层：240 mm厚砖

图 2-1-1.12　墙体截面详图

②墙的中心线：指的是墙的几何中心，即通过测量方法沿着墙面画出其中心线。

③墙的核心层中心线：指的是墙的核心层的几何中心。

④墙的面层面外部/内部：指的是墙的外表面/内表面。

⑤墙的核心层面外部/内部：指的是墙的核心层外表面/内表面。

在绘制墙体时，应根据墙体与轴线的位置关系选择不同的定位线，如图 2-1-1.13 所示；不同定位线画出的墙体位置不同，如图 2-1-1.14 所示。

图 2-1-1.13　墙定位线下拉菜单

| 墙中心线 | 核心层中心线 | 面层面：外部 | 面层面：内部 | 核心面：外部 | 核心面：内部 |

图 2-1-1.14　不同定位线的墙体位置示意图

点 2：墙体绘制。

墙体绘制方向应为顺时针方向，若墙体画反了，可选择墙体，按空格键调整方向，如图 2-1-1.15 所示。

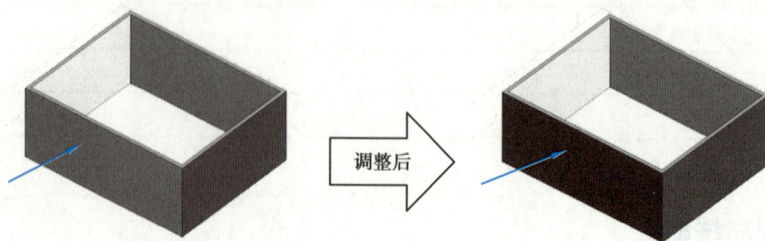

调整后

图 2-1-1.15　空格键调整墙体方向示意图

点 3：墙体立面定位。

高度：以现在所选择的平面向上绘制。

深度：以现在所选择的平面向下绘制，如图 2-1-1.16 所示。

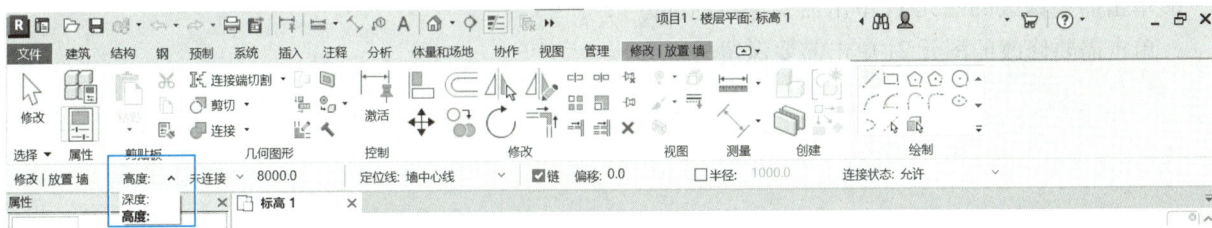

图 2-1-1.16　绘制方向下拉菜单

底部约束：墙底部标高。

底部偏移：相对于底标高的偏移值（负值为向下偏移，正值为向上偏移）。

顶部约束：墙顶标高。

顶部偏移：相对于顶标高的偏移值（负值为向下偏移，正值为向上偏移），如图 2-1-1.17 所示。

图 2-1-1.17　墙属性菜单

点 4：墙体绘制常用的修改命令。

①"对齐"命令（快捷键：AL）：将一个或多个图元与选定的图元对齐（图 2-1-1.18 中的①）。

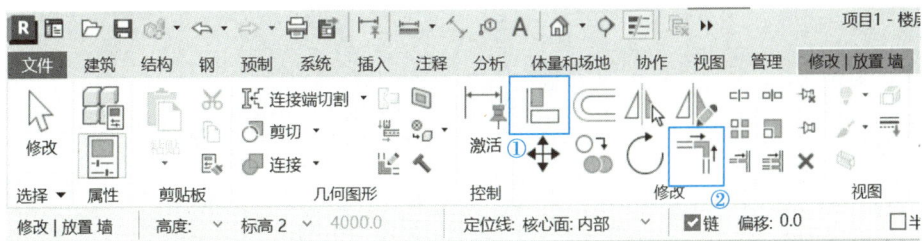

图 2-1-1.18　修改选项卡

具体操作如下：

a. 单击"对齐"命令；

b. 选择对齐的目标图元（参照）；

c. 选择需要对齐的图元；

d. 若将出现的小锁锁定，则能确保此对齐不受其他模型修改的影响。

②"修剪或延伸为角"命令（快捷键：TR）：修剪或延伸选中的图元，以形成一个角（图 2-1-1.18 中的②）。

具体操作如下：

a. 单击"修剪/延伸为角部"命令；

b. 单击需要修改的图元 1（单击需要保留的部分）；

c. 单击需要修改的图元 2（单击需要保留的部分）。

任务二　创建幕墙

🏷️ 任务描述

　　某社区开展"老旧社区微更新计划"，计划将社区老年活动中心入口处的老旧砖墙升级改造成玻璃幕墙，提升外立面颜值，扩大采光面，使老人们能够在更加明亮通透的环境中休闲娱乐。你作为该项目工程师，任务为：将老旧砖墙拆除，按照幕墙建模流程，严谨细致地完成东、北两幕墙的创建，确保幕墙各参数正确。

📖 知识目标

　　（1）认识幕墙网格线、水平竖梃、垂直竖梃、角竖梃、幕墙嵌板。
　　（2）掌握创建、编辑幕墙的方法。

⚡ 技能目标

　　（1）能完成空白幕墙的创建。
　　（2）能完成幕墙网格与竖梃、角竖梃的创建。
　　（3）会编辑幕墙的参数信息。
　　（4）能将幕墙嵌板替换成门窗。

👥 素质目标

　　（1）自主识图获取创建幕墙所需的数据信息。
　　（2）自觉、科学缜密、严谨地完成幕墙模型的创建。

📑 测评手段

　　（1）利用信息化平台记录学习过程、提交练习成果。
　　（2）观察并结合过程和效果，及时评价。

▶️ 任务实施一

　　任务要求：将社区老年活动中心东立面与北立面的老旧砖墙拆除，如图 2-1-2.1 所示；在老旧砖墙原地新建两面空白玻璃幕墙，如图 2-1-2.2 所示。注：东立面、北立面幕墙均位于 F1 到 F4 之间，其中 F1 表示一层标高，F2～F3 表示二至三层标高，F4 表示屋面层标高。

需拆除此老旧砖墙

图 2-1-2.1　老旧砖墙

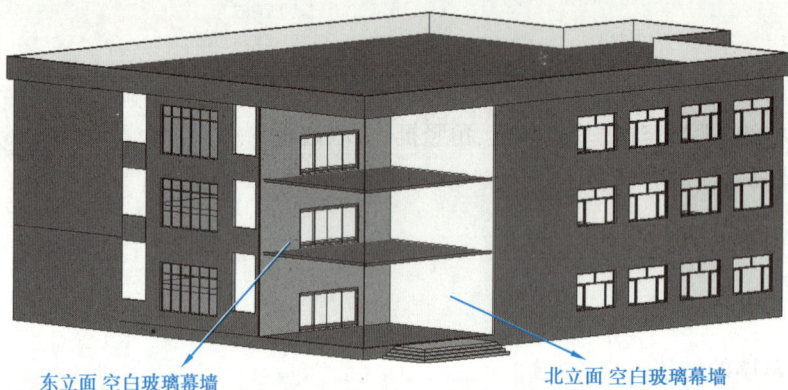

东立面 空白玻璃幕墙　　　　　　　　　北立面 空白玻璃幕墙

图 2-1-2.2　新建空白玻璃幕墙

步骤 1：旧砖墙信息及拆除方法。

打开本任务提供的"老旧社区活动中心.rvt"模型，仔细观察该模型，熟悉旧砖墙信息，思考其拆除方法，回答下列问题。

①本任务中老旧砖墙的墙体类型属性为（　　）。

A. 普通砖墙　　　　　　　B. 玻璃幕墙

②Revit 中如何删除墙体（　　）？

A. 按键盘上的"Delete"键或"Del"键　　　　B. 快捷键 DE

C. 选中墙，再单击"修改"面板中的"×"键　　D. 以上说法都对

步骤 2：拆除旧砖墙。

打开本任务提供的"老旧社区活动中心.rvt"项目文件，删除模型中的老旧砖墙，如图 2-1-2.1 所示，并将文件另存为新的项目"拆除旧墙.rvt"，参见《BIM 建模实务——技能点手册》JZ-1-2.1。

步骤 3：幕墙信息及绘制知识。

①查看《BIM 建模实务——技能点手册》JZ-1-2.2，本任务采用什么命令来绘制空白幕墙？（　　）

A. 建筑→墙→幕墙　　　B. 建筑→墙→外部玻璃　C. 建筑→墙→店面

②东、北幕墙均位于 F1 到 F4 之间，故在 Revit 平面图中用"墙｜建筑"命令绘制空白幕墙时，应先将幕墙底标高设置为 _____，顶标高设置为 _____，再进行绘制。（　　）

A. F1，F4　　　　　　　　　B. F4，F1

步骤4:创建空白玻璃幕墙。

在步骤2"拆除旧墙.rvt"的基础上,在拆除的老旧砖墙原地新建两面空白玻璃幕墙,如图2-1-2.2所示,并另存文件为"空白幕墙.rvt",参见《BIM建模实务——技能点手册》JZ-1-2.2。

创建空白幕墙

▶ 任务实施二

任务要求:绘制东立面幕墙网格线。本任务东立面幕墙垂直网格之间的间距均为2 000 mm,水平网格除从下至上第一排间距为3 000 mm外,其余间距均为3 100 mm,如图2-1-2.3和图2-1-2.4所示。

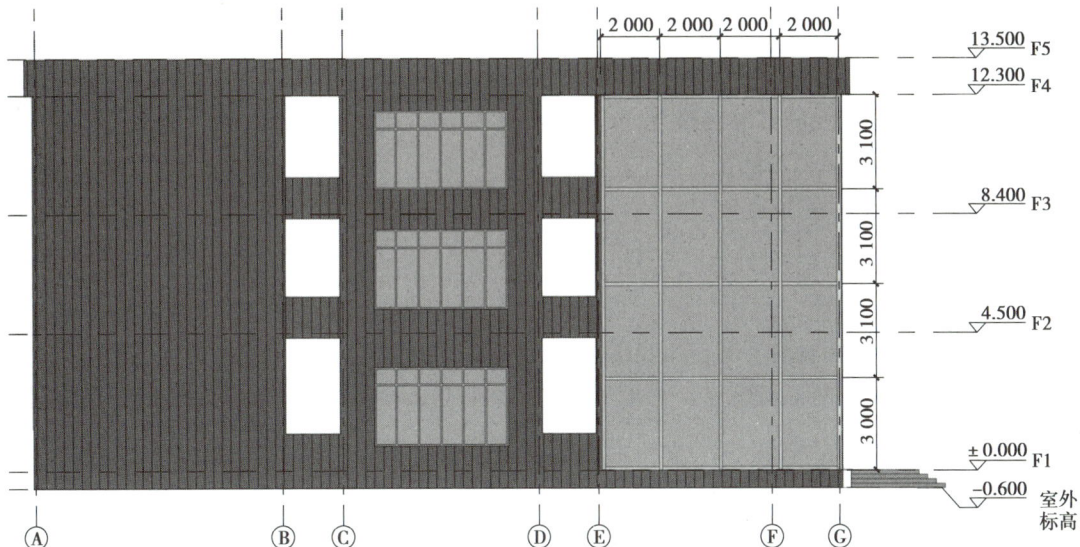

图 2-1-2.3　幕墙东立面图

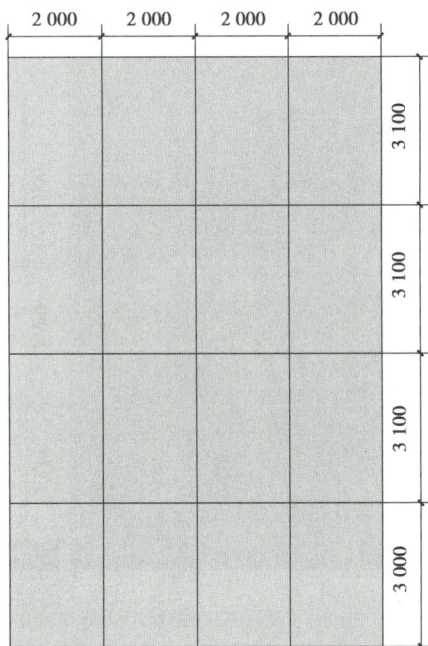

图 2-1-2.4　东立面幕墙网格

步骤5:东立面幕墙网格信息及绘制知识。

自主获取东立面幕墙网格信息,熟悉其绘制方法,回答下列问题。

①竖向网格线的间距为(　　　)。

A. 2 500 mm　　　　　　　　　B. 2 000 mm

在线练习

②水平网格线的间距都一样。（　　）

A. 正确　　　　　　　　　　B. 错误

③结合下文中的"相关知识与技能"点1，放置幕墙网格线的方法有（　　）。

A. 全部分段　　　　　　B. 一段　　　　　　C. 除拾取外的全部　　　　　D. 以上选项都正确

④查看《BIM 建模实务——技能点手册》JZ-1-2.3，本任务放置幕墙网格线采用的方法是（　　）。

A. 全部分段　　　　　　B. 一段　　　　　　C. 除拾取外的全部

⑤鼠标悬停在幕墙上出现虚线时，可绘制出幕墙网格线。（　　）

A. 正确　　　　　　　　　　B. 错误

步骤6：绘制东立面幕墙网格线。

在步骤4"空白幕墙. rvt"的基础上，按照任务要求与图 2-1-2.3 和图 2-1-2.4 所示的数据，在东立面的空白玻璃幕墙上绘制幕墙网格线，并另存文件为"东立面幕墙网格. rvt"，参见《BIM建模实务——技能点手册》JZ-1-2.3。

绘制东立面网格

▶️ 任务实施三

任务要求：创建东立面幕墙的竖梃与角竖梃。本任务东立面幕墙的横向竖梃与纵向竖梃均采用 100 mm× 200 mm 的矩形竖梃。东、北两幕墙交界处的角竖梃则采用 200 mm×200 mm 的四边形角竖梃。材质均为不锈钢，如图 2-1-2.5 所示。

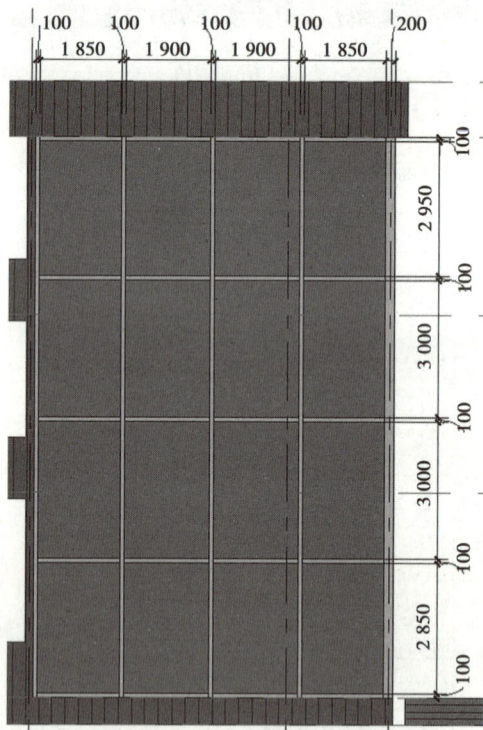

图 2-1-2.5　东立面幕墙竖梃

步骤7：东立面幕墙竖梃、角竖梃信息及绘制知识。

自主获取东立面幕墙竖梃、角竖梃信息，熟悉其绘制方法，回答下列问题。

①结合下文中的"相关知识与技能"点2，Revit 中放置幕墙竖梃的方法有（　　）。

A. 网格线　　　　　　　　　　　　　　B. 单段网格线

C. 全部网格线　　　　　　　　　　　　D. 以上说法都正确

在线练习

②查看《BIM建模实务——技能点手册》JZ-1-2.4，本任务放置东立面幕墙竖梃采用的方法是（　　）。

A. 网格线　　　　　　　　B. 单段网格线　　　　　　　C. 全部网格线

③本任务竖梃采用了_____，尺寸为_____。（　　）

A. 圆形竖梃，100 mm×100 mm　　　　　　　B. 矩形竖梃，100 mm×200 mm

④本任务角竖梃采用了_____，尺寸为_____。（　　）

A. L形角竖梃，150 mm×150 mm　　　　　　B. 四边形角竖梃，200 mm×200 mm

步骤8：创建东立面竖梃、角竖梃。

在步骤6"东立面幕墙网格.rvt"的基础上，按照任务要求与图2-1-2.5所示数据，创建东立面幕墙竖梃和角竖梃，并另存文件为"东立面幕墙竖梃.rvt"，参见《BIM建模实务——技能点手册》JZ-1-2.4和JZ-1-2.5。

创建东竖梃

▶ 任务实施四

任务要求：绘制并修改北立面幕墙网格线。本任务北立面幕墙水平网格从下至上间距依次为3 000，3 100，3 100，3 100 mm，垂直网格间距均为2 000 mm，幕墙网格线将幕墙划分成若干嵌板，其中最下方第一行中部为宽6 000 mm的大嵌板，如图2-1-2.6、图2-1-2.7所示。

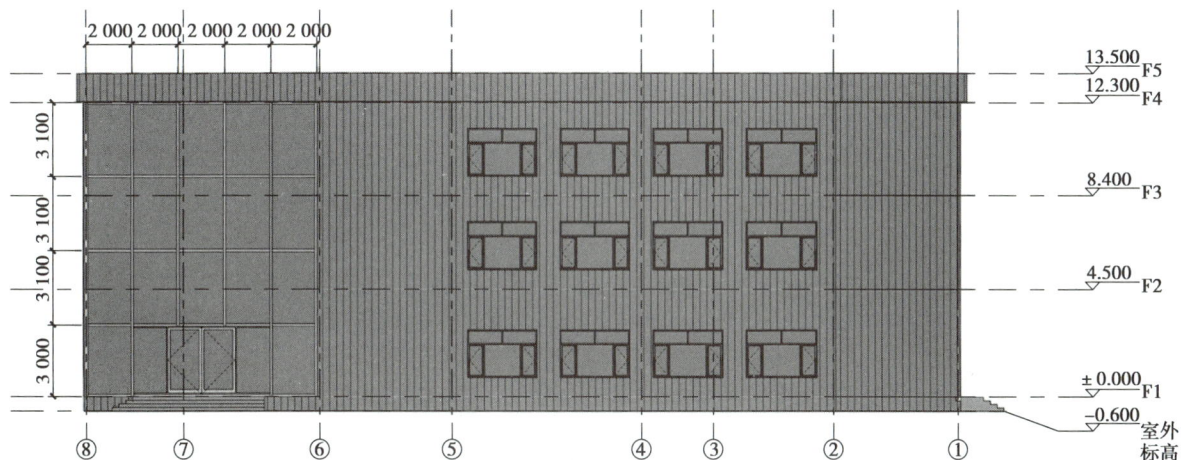

图2-1-2.6 幕墙北立面图

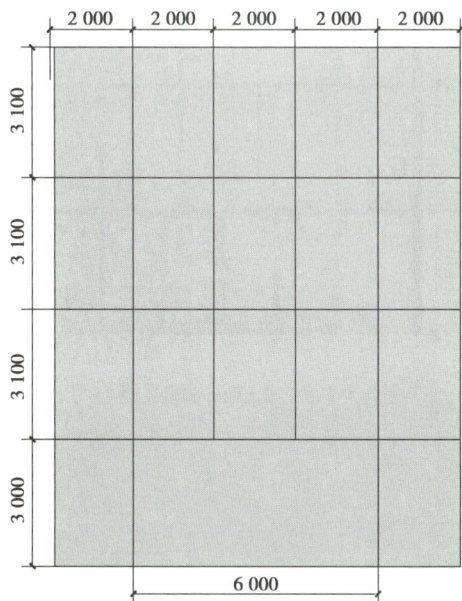

图2-1-2.7 北立面幕墙网格

步骤9：北立面幕墙网格信息及绘制知识。

自主获取北立面幕墙网格信息，熟悉其绘制与修改方法，回答下列问题。

①北幕墙有几列嵌板？（　　　）

A. 1 列　　　　　　　　　B. 2 列　　　　　　　　　C. 5 列

②北幕墙入户大门位于嵌板哪个位置？（　　　）

A. 从左向右数第 2 至第 4 列嵌板之间　　　　B. 从左向右数第 1 至第 3 列嵌板之间

③查看《BIM 建模实务——技能点手册》JZ-1-2.6，本任务是怎样将 3 个小嵌板合成一个大嵌板的？（　　　）

A. 不能合成嵌板　　　　　　　　　　　B. 删除部分网格线

④查看《BIM 建模实务——技能点手册》JZ-1-2.6，本任务删除部分网格线？（　　　）

A. "修改｜幕墙网格>添加/删除线段"　　　　B. 裁剪命令

步骤10：绘制北立面幕墙网格线。

在步骤8"东立面幕墙竖梃. rvt"的基础上，按照任务要求与图 2-1-2.6 和图 2-1-2.7 所示的数据，在北立面的空白玻璃幕墙上绘制幕墙网格线，并另存文件为"北立面幕墙网格. rvt"，参见《BIM 建模实务——技能点手册》JZ-1-2.6。

▶️ **任务实施五**

任务要求：创建北立面幕墙竖梃与门厅大门。本任务北立面幕墙竖梃与东立面幕墙竖梃所用样式一致，即除角竖梃外的横向竖梃与竖向竖梃均采用 100 mm×200 mm 矩形竖梃，材质均为不锈钢，门厅大门选用"门嵌板双开门 1"样式，如图 2-1-2.8 和图 2-1-2.9 所示。

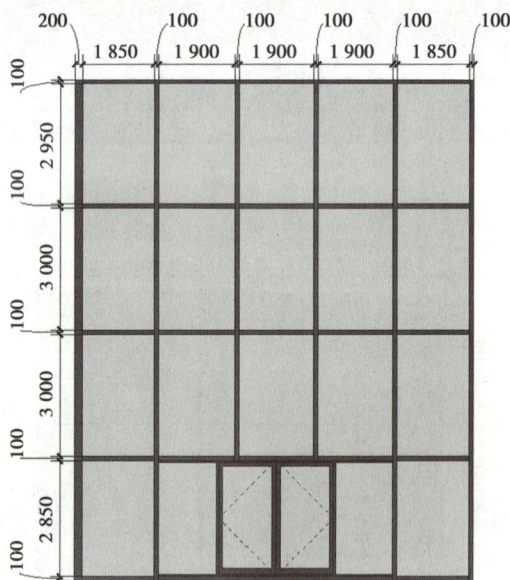

图 2-1-2.8　北立面幕墙竖梃与门

图 2-1-2.9　社区老年活动中心幕墙模型

步骤 11：北立面幕墙竖梃、门厅大门信息及绘制知识。

自主获取北立面幕墙竖梃与门厅大门信息，熟悉其绘制方法，回答下列问题。

①北立面幕墙横向竖梃与竖向竖梃样式与东立面（　　）。

A. 相同　　　　　　　　B. 不同

②结合下文中的"相关知识与技能"点 3，可反复按（　　）键切换选择对象，直至选中嵌板。

A. Tab　　　　　　　　B. Ctrl

③本任务门厅大门的门嵌板采用的样式是（　　）。

A. 门嵌板双开门 1　　　B. 门嵌板双开门 2　　　　C. 门嵌板平开门

④结合下文中的"相关知识与技能"点 3，幕墙嵌板只能替换成门，不能替换成其他构件。（　　）

A. 正确　　　　　　　　B. 错误

步骤 12：创建北立面幕墙竖梃、安装门厅大门。

在步骤 10"东立面幕墙竖梃. rvt"的基础上，按照任务要求与图 2-1-2.8 所示的数据，创建北立面幕墙竖梃，安装门厅大门，并另存文件为"北立面幕墙竖梃与门. rvt"，参见《BIM 建模实务——技能点手册》JZ-1-2.7 和 JZ-1-2.8。

步骤 13：提交模型。

检查并修改模型，另存项目为"社区老年活动中心幕墙模型. rvt"，并提交成果，最终成果如图 2-1-2.9 所示。

创建北竖梃

替换门嵌板

📊 评价反馈

各类评价反馈表，见表 2-1-2.1—表 2-1-2.3。

表 2-1-2.1　知识技能评分标准（参考）

序号	评价项	评分	备注（适用自评、互评、师评）
1	文件格式及命名正确	□0　□5	满分 5 分
2	东幕墙位置放置正确	□0　□5	满分 5 分
3	东幕墙网格线绘制正确		满分 10 分；错 1 处扣 2 分
4	东幕墙竖梃位置放置正确		满分 5 分；错 1 处扣 1 分
5	东幕墙竖梃样式设置正确		满分 10 分；错 1 处扣 2 分
6	角竖梃设置正确	□0　□5	满分 5 分

续表

序号	评价项	评分	备注（适用自评、互评、师评）
7	北幕墙位置放置正确	□0　□5	满分 5 分
8	北幕墙网格线绘制正确		满分 10 分；错 1 处扣 2 分
9	北幕墙竖梃位置放置正确		满分 5 分；错 1 处扣 1 分
10	北幕墙竖梃样式设置正确	□0　□5	满分 5 分
11	正确将北幕墙嵌板替换成门	□0　□10	满分 10 分
	小计		满分 75 分

表 2-1-2.2　职业素养评分标准（参考）

序号	评价项	评分	备注（适用自评、互评、师评）
1	自主学习的能力		满分 15 分
2	严谨细致按图实施的能力		满分 10 分
	小计		满分 25 分

表 2-1-2.3　任务评价与反馈（参考）

序号	评价项	评分	备注（适用自评、互评、师评）
1	知识与技能的掌握		见表 2-1-2.1
2	职业素养的树立		见表 2-1-2.2
	小计		满分 100 分

总结归纳

请根据本任务的完成情况,进行相关知识与技能点的回顾;总结重、难点;梳理工作流程;归纳工作方法;记录自我感受。

_____

_____

_____

_____

_____

_____

_____

_____

_____

_____

📔 **易错点**

请根据个人任务完成情况，完成易错、易漏点汇总，以备后续加强练习。

_____

_____

_____

_____

_____

_____

_____

_____

🅰🅱 **相关知识与技能**

点 1：绘制幕墙网格的 3 种方法（全部分段、一段、除拾取外的全部）。

在"修改｜放置 幕墙网格"选项卡中，选择"全部分段"可放置通长的幕墙网格，如图 2-1-2.10 所示。

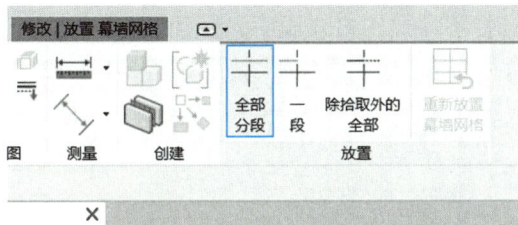

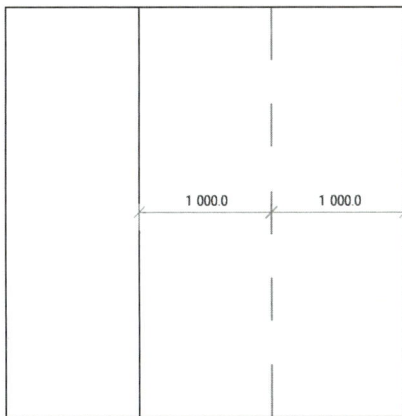

图 2-1-2.10　放置幕墙网格方法之"全部分段"

在"修改｜放置 幕墙网格"选项卡中，选择"一段"可进行两个幕墙网格之间单独段的幕墙网格放置，如图 2-1-2.11 所示。

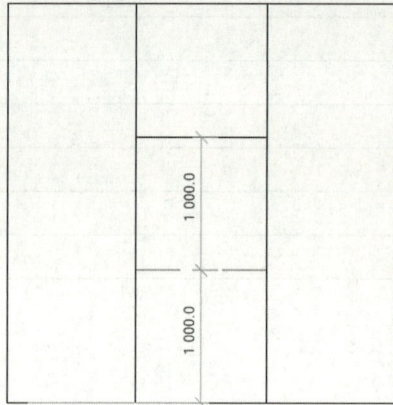

图 2-1-2.11　放置幕墙网格方法之"一段"

　　如图 2-1-2.12 左所示，在"修改｜放置 幕墙网格"文选项卡中，选择"除拾取外的全部"，先放置一条通长的网格线（一般为红色），单击选择不需要网格线段（可连续选择多段），即可实现绘制一条通长网络线时快速将其中不需要的线段删除，再按"Esc"键完成编辑，效果如图 2-1-2.12 右所示。

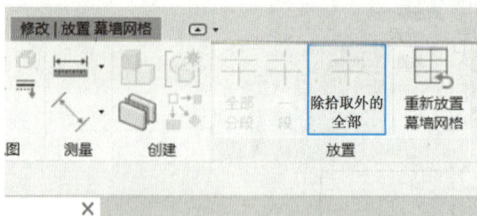

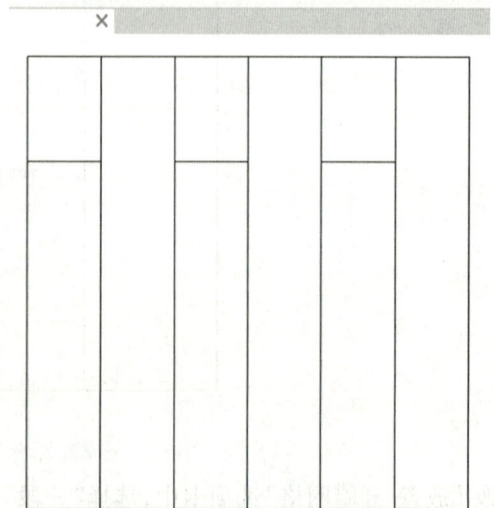

图 2-1-2.12　放置幕墙网格方法之"除拾取外的全部"墙网格

　　点 2：放置幕墙竖梃的 3 种方法（网格线、单段网格线、全部网格线）。

　　在"修改｜放置 竖梃"选项卡中，选择"网格线"，可在一整条通长网格线上添加竖梃，如图 2-1-2.13 所示。

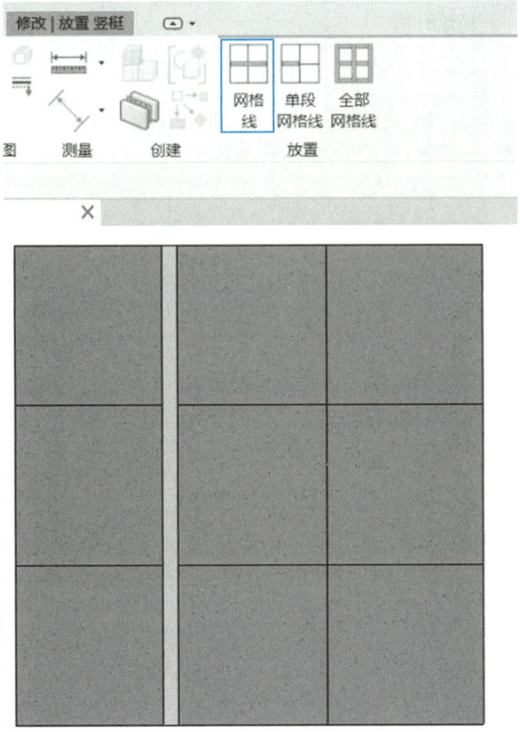

图 2-1-2.13　放置幕墙竖梃方法之"网格线"

在"修改 | 放置 竖梃"选项卡中，选择"单段网格线"，可为单段网格线添加竖梃，如图 2-1-2.14 所示。

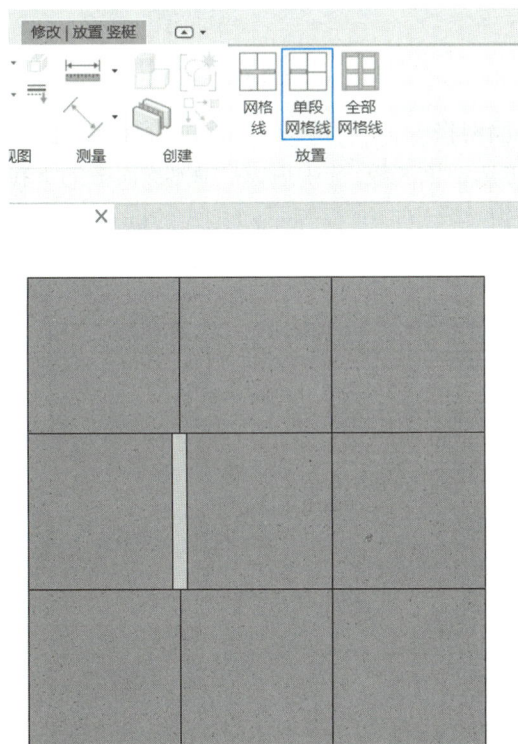

图 2-1-2.14　放置幕墙竖梃方法之"单段网格线"

在"修改 | 放置 竖梃"选项卡中，选择"全部网格线"，可以快速为全部网格线一键添加竖梃，如图 2-1-2.15 所示。

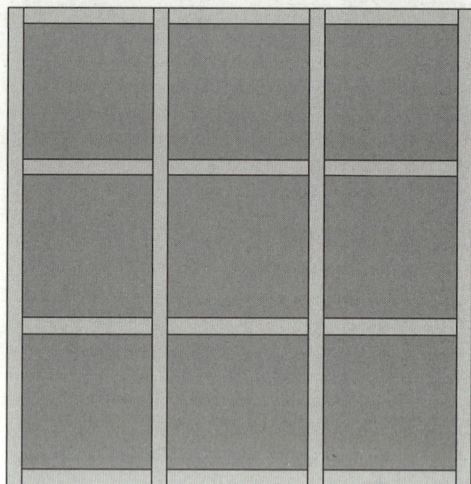

图 2-1-2.15 放置幕墙竖梃方法之"全部网格线"

点 3：编辑幕墙嵌板。

将鼠标悬停在嵌板边缘的幕墙网格上，重复按"Tab"键，直到嵌板边框变蓝、显示屏左下角状态栏显示幕墙嵌板为止，此时单击鼠标即可选中该嵌板，选中后，在"属性"面板的下拉菜单中可直接修改幕墙嵌板的类型，即可将幕墙嵌板替换为门、窗、墙、空白嵌板等不同样式的嵌板，如果下拉菜单中没有所需类型，则还可通过载入族库中的族文件或将新建族载入项目中再进行替换。

图 2-1-2.16 替换幕墙嵌板

任务三　创建楼屋面

任务描述

某社区新中式景观亭在设计招标阶段，设计单位需要向建设单位展示景观亭的三维效果，柱的高度和平面位置、屋面坡度和尺寸会影响建筑整体的呈现。本任务要求按照建模流程，严谨细致地完成柱和屋面创建，确保柱的参数正确、屋面坡度正确。

知识目标

（1）理解建筑柱的约束。
（2）掌握创建、编辑建筑柱的方法。
（3）掌握创建、编辑坡屋面的方法。

技能目标

（1）能完成建筑柱的创建和编辑。
（2）会创建、编辑坡屋面。

素质目标

（1）具备细致观察、严谨分析图纸的能力。
（2）具备自觉的科学态度，以缜密严谨的方式完成模型创建。

测评手段

（1）通过信息化手段收集任务成果，开展学生自评、互评，教师点评。
（2）通过课前、课中、课后与学生交流，观察学生课堂表现，运用信息化平台，全方位、全过程记录学生的过程性成绩。

▶ **任务实施一**

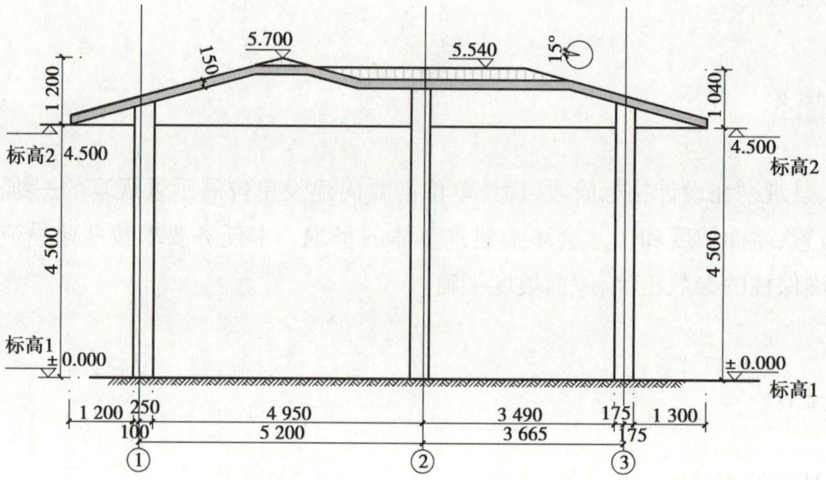

图 2-1-3.1　剖面图

步骤 1：自主获取标高信息。

①图 2-1-3.1 中，标高 1 在 Revit 中的属性为（　　　）。

A. 正、负零标高　　　　　　　　B. 上标头　　　　　　　　C. 下标头

②图 2-1-3.1 中，标高 2 在 Revit 中的属性为（　　　）。

A. 正、负零标高　　　　　　　　B. 上标头　　　　　　　　C. 下标头

③图 2-1-3.1 中，标高线均为（　　　）。

A. 两侧标注标高数据　　　　　　B. 单侧标注标高数据

步骤 2：创建标高。

选定"建筑样板"文件，创建项目标高，要求标高的标头显示与图 2-1-3.1 一致，并以"标高"为文件名保存（文件后缀名为".rvt"），参见《BIM 建模实务——技能点手册》JZ-1-3.1。

在线练习

创建标高

▶ **任务实施二**

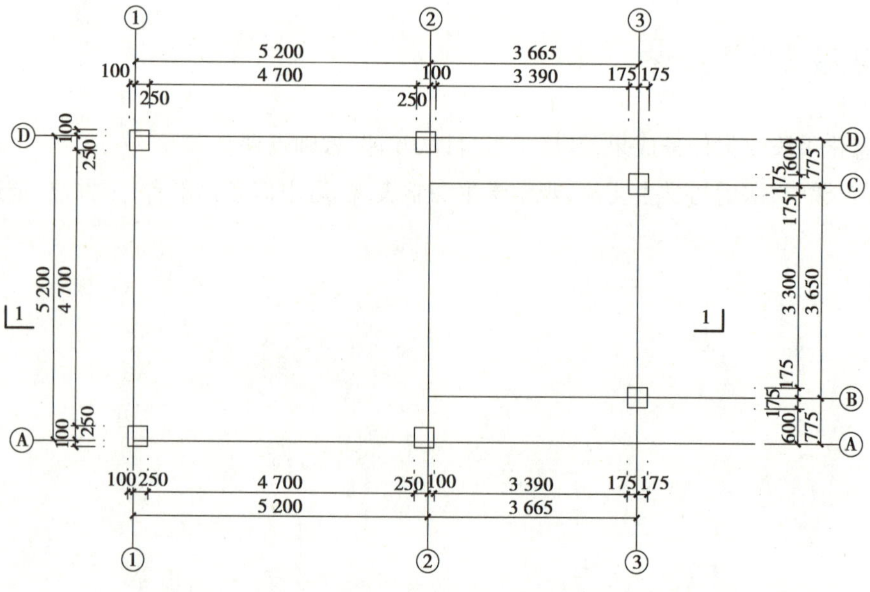

图 2-1-3.2　±0.000 标高平面图

步骤 3：柱识图与操作基础知识。

识读上图，结合《BIM 建模实务——技能点手册》JZ-1-3.2，完成下列单选题：

①图 2-1-3.2 中，建筑柱的尺寸是（　　）。

A. 250 mm×150 mm　　　　　　　B. 350 mm×350 mm

②结合图 2-1-3.1、图 2-1-3.2 中，建筑柱的底标高是（　　）。

A. 0.500 m　　　　　　　　　　B. ±0.000 m

③结合图 2-1-3.1、图 2-1-3.2 中，建筑柱的顶标高是（　　）。

A. 屋顶底部　　　　　　　　　　B. 4.500 m

④图 2-1-3.2 中共有 6 根柱，其中有（　　）根柱的中心点不在轴线交点。

A. 4　　　　　　　　　　　　　B. 3

⑤应在图 2-1-3.3 类型属性对话框中（　　）位置修改柱的尺寸。

A. 深度和宽度　　　　　　　B. 型号

图 2-1-3.3　类型属性

⑥放置好柱后，需要修改底部或顶部标高，以确保柱的高度和图纸显示一致，应在图 2-1-3.4 中（　　）进行修改。

A. 约束　　　　　　　　　　B. 编辑类型

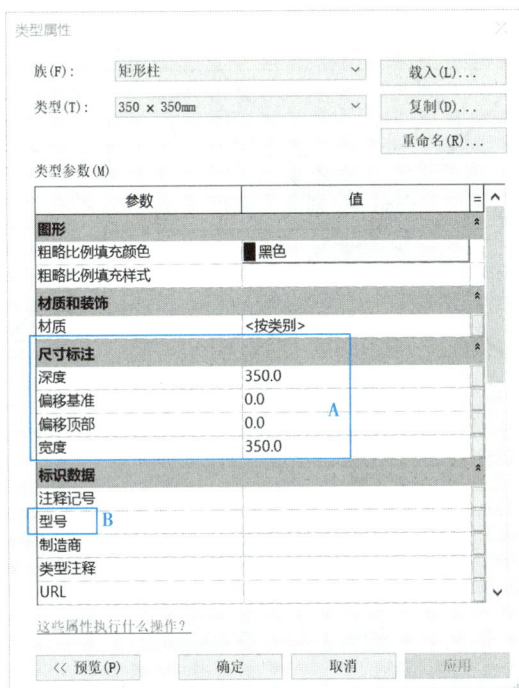

图 2-1-3.4　柱属性

步骤4：创建建筑柱。

打开"标高.rvt"文件，按照图2-1-3.1、图2-1-3.2所示创建建筑物的建筑柱，并完成尺寸标记，要求柱尺寸和位置显示与图示一致，并以"柱"为文件名保存（文件后缀名为".rvt"），参见《BIM建模实务——技能点手册》JZ-1-3.2。

创建建筑柱

▶ **任务实施三**

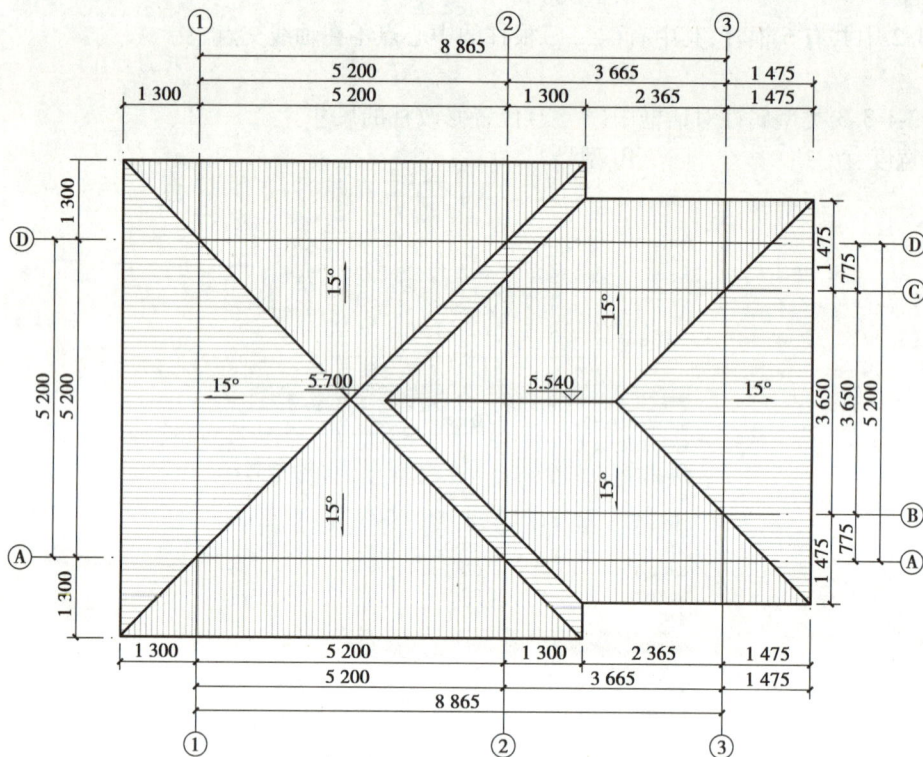

图2-1-3.5　屋顶平面图

步骤5：屋面识图与操作基础知识。

识读图2-1-3.5，结合《BIM建模实务——技能点手册》JZ-1-3.3，完成单选题：

①结合图2-1-3.1，图2-1-3.5中屋顶厚度是（　　）。

A. 200 mm　　　　　　　　　　B. 150 mm

②结合图2-1-3.1，图2-1-3.5中屋顶底标高是（　　）。

A. 4. 500 m　　　　　　　　　　B. 5. 700 mm

③结合图2-1-3.1，图2-1-3.5中屋顶顶标高是（　　）。

A. 4. 500 m　　　　　　　　　　B. 5. 700 m

④图2-1-3.5中，屋顶坡度是（　　）。

A. 15°　　　　　　　　　　　　B. 15%

⑤修改屋顶厚度应在图2-1-3.6屋顶"类型属性"对话框中选择（　　）。

A. 结构　　　　　　　　　　　　B. 型号

⑥Revit"建筑"标题栏中"屋顶"下拉菜单，常用的屋顶绘制方法有（　　）两种。

A. 平屋顶和坡屋顶　　　　　　　B. 迹线屋顶和拉伸屋顶

⑦Revit中使用建筑迹线定义其边界的屋顶绘制方法称为（　　）。

A. 拉伸屋顶　　　　　　　　　　B. 迹线屋顶

在线练习

修改屋顶厚度与材质

⑧Revit 中通过拉伸绘制屋顶轮廓的绘制方法称为（　　　）。

A. 拉伸屋顶 　　　　　　　　　B. 迹线屋顶

图 2-1-3.6　屋顶"类型属性"对话框

图 2-1-3.7　尺寸标注

⑨在进行屋顶高程标记时应选择图 2-1-3.7 中的哪一种？（　　　）

A. 高程点 　　　　　　　B. 高程点、坐标 　　　　　　　C. 高程点、坡度

⑩在进行屋顶坡度标记时应选择图 2-1-3.7 中的哪一种？（　　　）

A. 高程点 　　　　　　　B. 高程点、坐标 　　　　　　　C. 高程点、坡度

Revit高程点的分类

步骤 6：创建屋面。

打开"柱. rvt"文件，按照图 2-1-3.5 所示绘制屋顶，要求屋顶位置和坡度显示与图一致，并以"楼屋面"为文件名保存（文件后缀名为". rvt"），参见《BIM 建模实务——技能点手册》JZ-1-3. 3。

创建屋面

步骤 7：成果提交。

评价反馈

各类评价反馈，见表 2-1-3.1—表 2-1-3.3。

表 2-1-3.1　知识技能评分标准（参考）

序号	评价项	评分	备注（适用自评、互评、师评）
1	文件格式及命名正确	□0　□5	满分 5 分
2	标高数值显示与图纸一致	□0　□5	满分 5 分
3	标高上、下标头显示与图纸一致	□0　□5	满分 5 分
4	柱尺寸与图纸一致		满分 5 分；错 1 处扣 5 分
5	柱高度与图纸一致		满分 10 分；错 1 处扣 5 分

续表

序号	评价项	评分	备注（适用自评、互评、师评）
6	柱平面位置与图纸一致		满分 10 分；错 1 处扣 5 分
7	屋顶厚度与图纸一致	□0　□5	满分 5 分
8	屋顶坡度与图纸一致		满分 10 分；错 1 处扣 5 分
9	屋顶高度与图纸一致		满分 10 分；错 1 处扣 5 分
10	屋顶尺寸与图纸一致		满分 10 分；错 1 处扣 5 分
	小计		满分 75 分

表 2-1-3.2　职业素养评分标准（参考）

序号	评价项	评分	备注（适用自评、互评、师评）
1	自主学习的能力		满分 20 分；错 1 处扣 2 分
2	严谨细致按图实施的能力		满分 5 分
	小计		满分 25 分

表 2-1-3.3　任务评价与反馈（参考）

序号	评价项	评分	备注（适用自评、互评、师评）
1	知识与技能的掌握		见表 2-1-3.1
2	职业素养的树立		见表 2-1-3.2
	小计		满分 100 分

总结归纳

　　请根据本任务的完成情况，进行相关知识与技能点的回顾；总结重、难点；梳理工作流程；归纳工作方法；记录自我感受。

_____

_____

_____

_____

_____

易错点

请根据个人任务完成情况，完成易错、易漏点汇总，以备后续加强练习。

_____

_____

A/B 相关知识与技能

点 1：柱的约束。

设置完成柱的截面参数后，应对柱的高度进行参数约束。柱体高度有底部约束和顶部约束两个限制条件，也可以进行顶部和底部的偏移。

点 2：柱附着与分离。

（1）柱附着

柱不会自动附着到屋顶、楼板、天花板和基础上。选择一根（或多根）柱时，可以将其附着到屋顶、楼板、天花板、参照平面、结构框架构件、独立基础、基础底板以及其他参照标高。

在绘图区域中，选择一根或多根柱。

单击"修改|柱"选项卡下的"修改柱"面板，选择"附着 顶部/底部"，如图 2-1-3.8 中的①所示，再选中拟附着到的屋面板。柱顶附着屋面的附着效果如图 2-1-3.9 所示。此时柱顶标高自动计算，不能手动编辑。

图 2-1-3.8　柱附着与分离

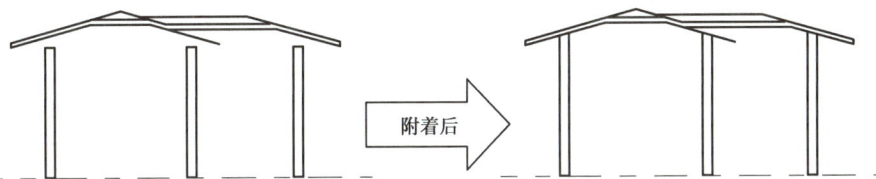

图 2-1-3.9　柱附着命令前后

（2）柱分离

如果已将柱附着到屋顶、楼板或其他图元，可以使用"分离 顶部/底部"工具来取消附着。

在绘图区域中，选择要分离的柱，也可以选择多根柱。

单击"修改|柱"选项卡下的"修改柱"面板，选择"分离 顶部/底部"，如图 2-1-3.8 中的②所示，再选中拟与之分离的屋面板。分离效果如图 2-1-3.10 所示。

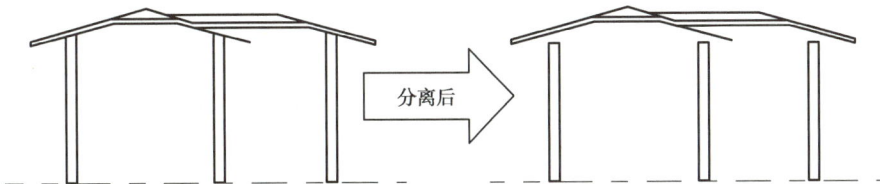

图 2-1-3.10　柱分离命令前后

点 3：楼板绘制参照标高与屋顶绘制参照标高的区别。

如图 2-1-3.11 所示，屋顶和楼板绘制参照标高都是标高 1，但屋顶绘制完成时底标高与参照标高对齐，而楼板绘制完成时顶标高与参照标高对齐。

图 2-1-3.11　楼板和屋顶标高示意图

点 4：迹线屋顶。

创建屋顶时使用建筑迹线定义其边界。

要按照迹线创建屋顶，需打开楼层平面视图或天花板投影平面视图，如图 2-1-3.12 所示。

创建屋顶时可为其指定不同的坡度和悬挑，或者使用默认值并在以后对其进行优化。

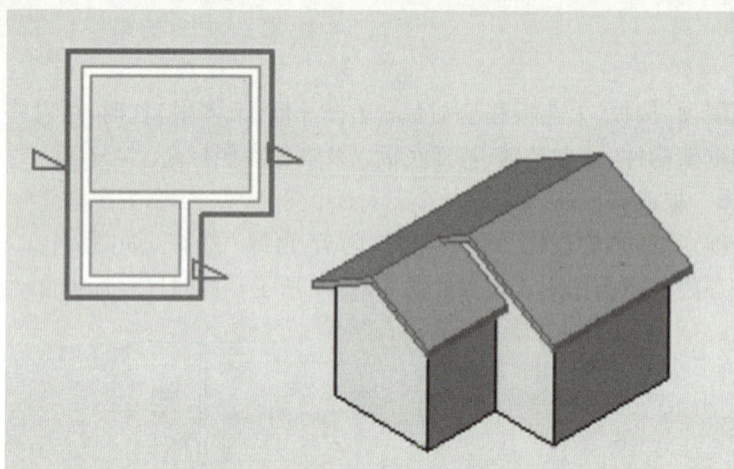

图 2-1-3.12　迹线屋顶绘制示意图

点 5：拉伸屋顶。

拉伸屋顶是通过拉伸绘制轮廓来创建屋顶，如图 2-1-3.13 所示。

要通过拉伸创建屋顶，需打开立面视图、三维视图或剖面视图。

绘制屋顶轮廓时，可以使用直线与弧的组合，以及参照平面；屋顶高度取决于轮廓的绘制位置，如图 2-1-3.13 所示。

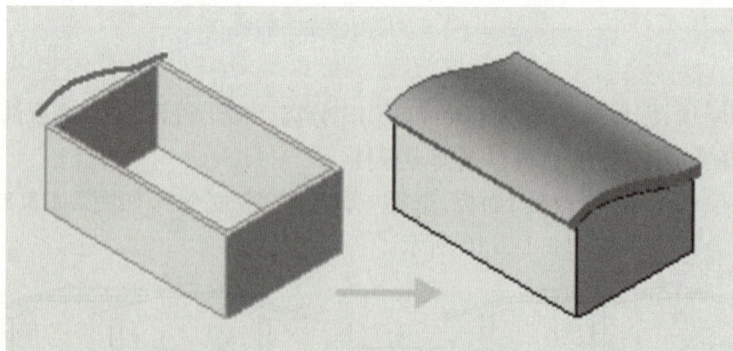

图 2-1-3.13　拉伸屋顶绘制示意图

任务四 创建建筑楼梯

任务描述

图纸及模型资料

楼梯是建筑竖向交通联系的重要构件,起承上启下的关键作用,更是重要的消防通道,保障人民生命财产安全。某果乡兴建农博园聚焦就业帮扶,拟新建一栋园区宿舍,本任务是完成其楼梯与扶手的创建。

知识目标

(1)认识楼梯踏步、梯面高度、踏面宽度、梯段等。
(2)了解中间平台、楼层平台的区别。
(3)掌握楼梯的创建与编辑方法。
(4)掌握扶手栏杆的创建与编辑方法。

技能目标

(1)能创建与编辑楼梯。
(2)能创建与编辑扶手栏杆。
(3)掌握楼梯间楼板开洞的方法。
(4)具备修改调整楼梯模型的能力。
(5)具备分辨楼梯上下行方向的能力。

素质目标

(1)自主识图获取创建楼梯、扶手栏杆所需的数据信息。
(2)科学缜密、严谨地完成楼梯模型创建。
(3)能考虑楼梯扶手栏杆的使用安全性。

测评手段

(1)利用信息化平台记录学习过程、提交练习成果。
(2)观察并结合过程和效果,及时评价。

任务实施一

任务要求:根据设计师的图纸,同事已完成某园区宿舍除楼梯外的其余部分建模,你作为很擅长楼梯建模的 BIM 建模员,其任务是按图 2-1-4.1—图 2-1-4.4 完成该园区宿舍的楼梯与扶手栏杆模型的创建。

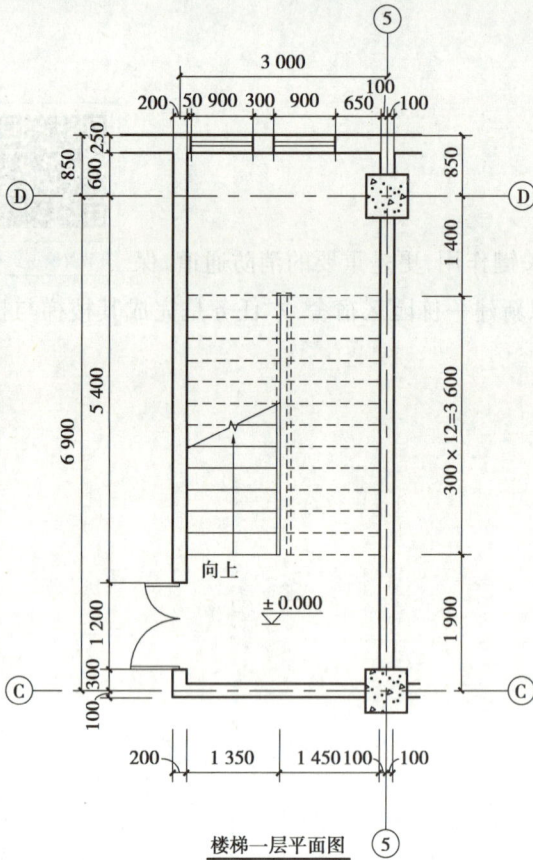

图 2-1-4.1　一层平面图

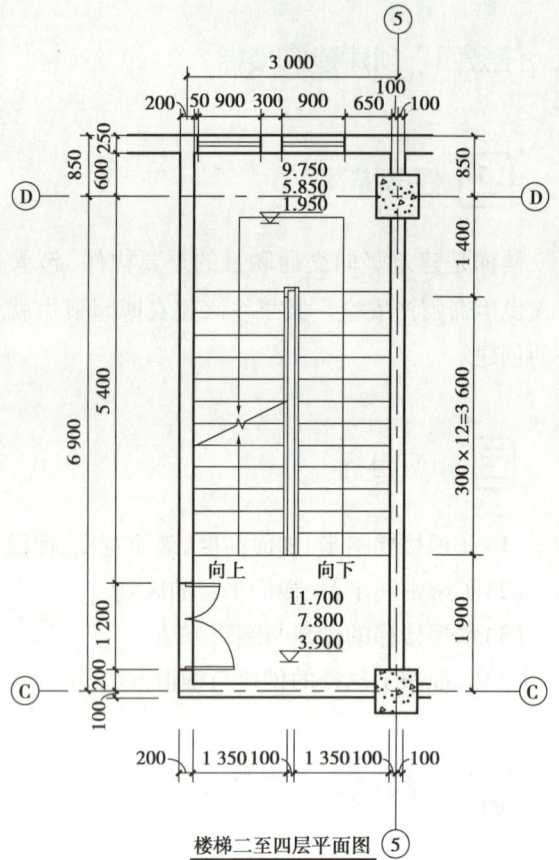

图 2-1-4.2　二至四层平面图

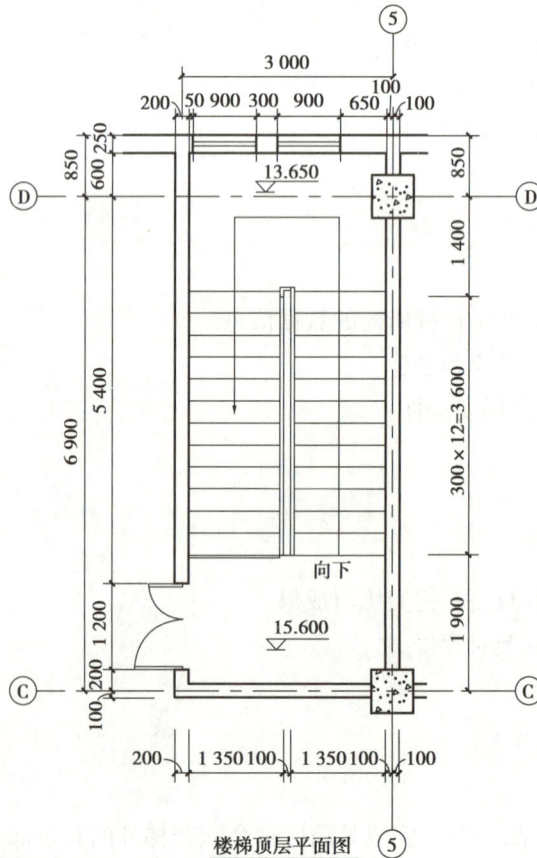

图 2-1-4.3　顶层平面图

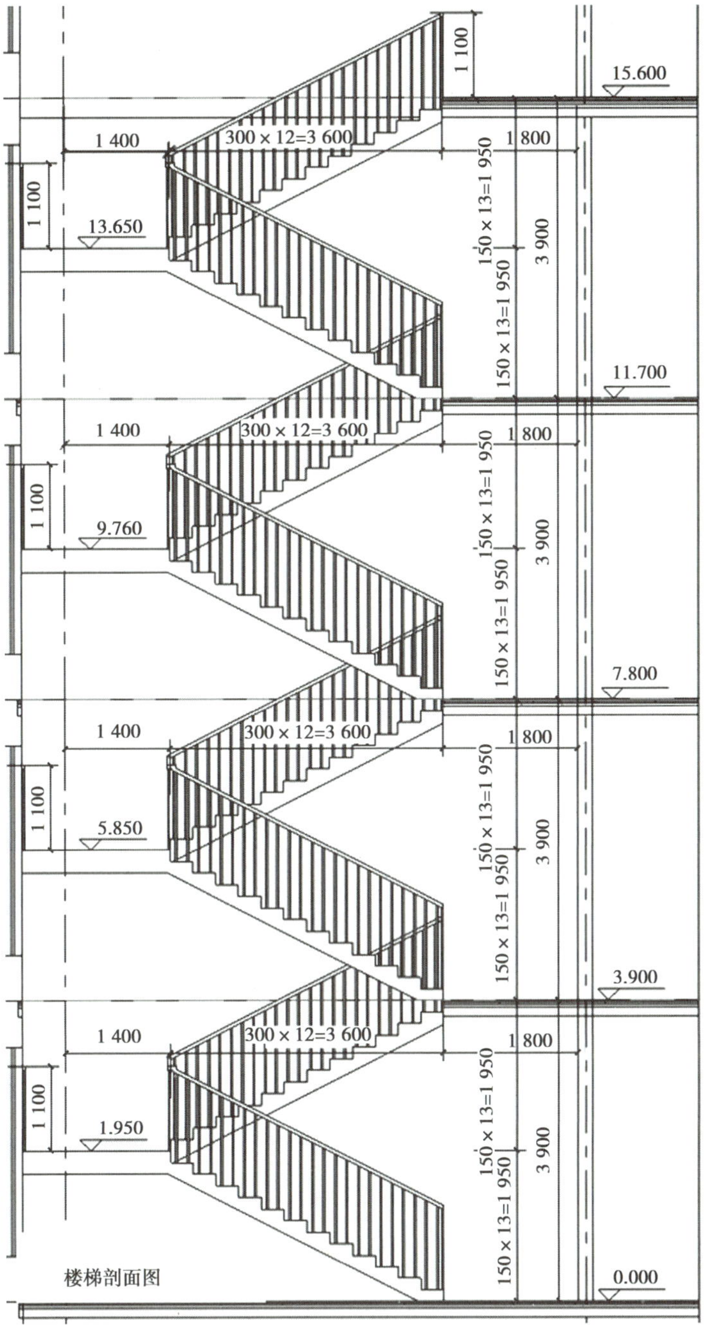

图 2-1-4.4　楼梯剖面图

步骤 1：整体分析。

整体识读楼梯详图 2-1-4.1—图 2-1-4.4，回答下列问题。

①本任务共计（　　　　）层楼梯，每层楼梯均为对折双跑楼梯，每层楼梯各有（　　　　）个梯段。

A.3,1　　　　　　　　　　　　　　　B.4,2

②本任务楼梯的行进方向是（　　　　）。

A. 顺时针向上　　　　　　　　　　　B. 逆时针向上

③本任务各层楼梯，梯段踏步数是否相同？（　　　　）

A. 是　　　　　　　　　　　　　　　B. 否

步骤 2：楼梯创建思路。

①查阅《BIM 建模实务——技能点手册》JZ-1-4.8，认识到本任务各楼层楼梯基本相同，可先创建一层楼

梯,再采用(　　)命令,创建其余楼层楼梯。

　　A."多层楼梯"　　　　　　　　　　　B."单层楼梯"

　　②创建楼梯前,可先根据楼梯的关键尺寸新建(　　),依照参照平面能更方便、更精准地创建楼梯。

　　A.参照平面　　　　　　　　　　　B.栏杆扶手

▶ 任务实施二

　　任务要求:为园区宿舍楼梯间绘制楼梯参照平面(图2-1-4.5),以供后期楼梯建模使用。

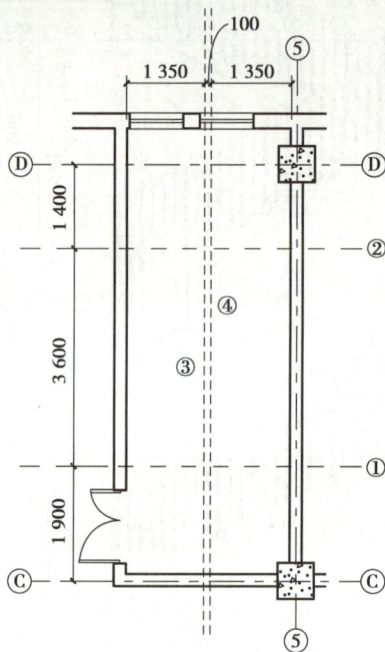

图2-1-4.5　楼梯参照平面

步骤3:获取参照平面数据。

　　结合图2-1-4.1—图2-1-4.4自行获取图2-1-4.5所示的参照平面数据,思考这些参照平面分别与楼梯的什么位置相对应,回答下列问题。

　　①①号参照平面代表楼梯起始线,①号参照平面距离ⓒ轴(　　)mm。

A.2 529　　　　　　　　　　　　　　B.1 900

　　②②号参照平面代表梯段与休息平台的交界线,②号参照平面距离ⓓ轴(　　)mm。

A.1 400　　　　　　　　　　　　　　B.1 200

　　③③号、④号参照平面之间的距离代表梯井宽度,梯井宽度为(　　)mm。

A.100　　　　　　　　　　　　　　　B.200

　　④③号、④号参照平面与同侧墙内表面的间距,为该侧梯段的宽度,两侧梯段宽度均为(　　)mm。

A.1 350　　　　　　　　　　　　　　B.1 200

步骤4:绘制楼梯参照平面。

　　打开本任务提供的"园区宿舍.rvt"项目文件,绘制楼梯参照平面,绘制好的参照平面如图2-1-4.5所示,并将文件另存为新的项目"楼梯参照平面.rvt",参见《BIM建模实务——技能点手册》JZ-1-4.1和JZ-1-4.2。

在线练习

绘制参照平面

▶ **任务实施三**

任务要求：设置楼梯属性，创建一层楼梯模型与扶手栏杆，如图 2-1-4.6 所示。

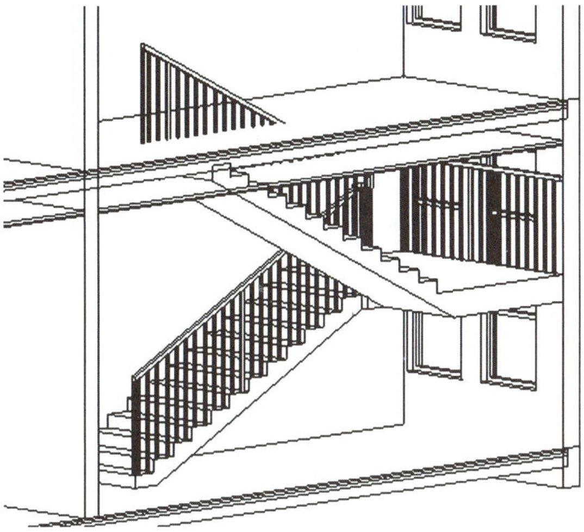

图 2-1-4.6　一层楼梯模型

步骤 5：首层楼梯识图与创建知识。

结合图 2-1-4.1—图 2-1-4.4 以及下文中的"相关知识与技能"，获取首层楼梯数据，熟悉创建方法，做好创建首层楼梯的准备工作，回答下列问题。

①结合本任务中的"相关知识与技能"点 2，图 2-1-4.7 中的箭头 B 是指(　　　)。

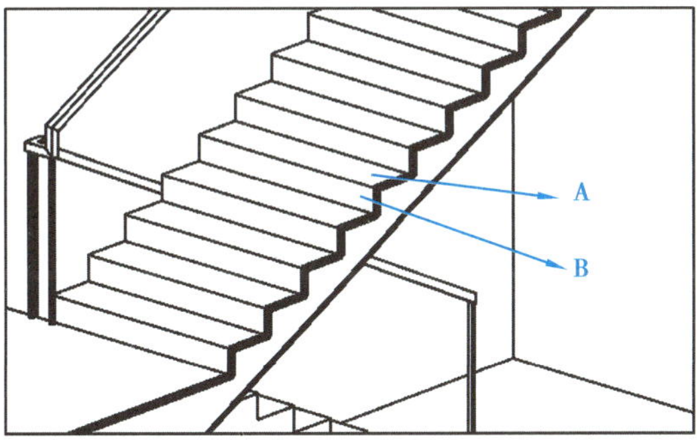

图 2-1-4.7　踢面与踏面

A. 踏面　　　　　　　　　　　　　B. 踢面

②一个梯段，楼梯踢面数比踏面数多(　　)个。

A. 0　　　　　　　　　　　　　　B. 1

③首层楼梯的底部标高是_____，顶部标高是_____。(　　　)

A. F1，F2　　　　　　　　　　　B. F2，F3

④首层楼梯有 2 个梯段，每个梯段各有 12 个踏面，_____个踢面，在本任务 Revit 建模中，首层楼梯所需踢面数是_____个。(　　　)

A. 12，24　　　　　　　　　　　B. 13，26

⑤本任务实际踏板深度为_____ mm，结合下文中的"相关知识与技能"点 3，本任务踏板深度_____一般宿舍楼梯踏步要求。(　　　)

A. 250，不满足　　　　　　　　　B. 300，满足

⑥本任务实际踢面高度为_____ mm，结合下文中的"相关知识与技能"点 4，本任务踢面高度_____一般宿舍楼梯踏步要求。(　　　)

A.200,不满足　　　　　　　　　　　　B.150,满足

⑦结合本任务的"相关知识与技能"点5,图2-1-4.8中的线框A是指(　　　)。

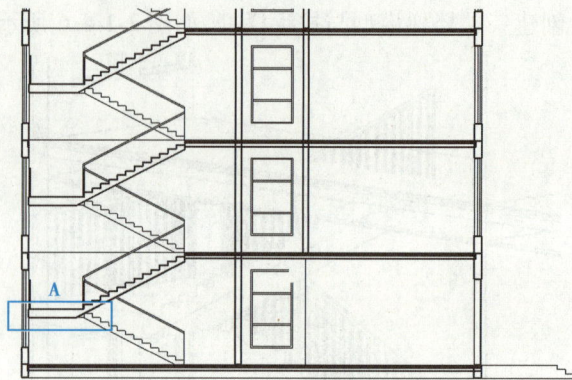

图2-1-4.8　中间平台与楼层平台

A.中间平台　　　　　　　　　　　　B.楼层平台

⑧梯段宽度应设置为(　　　)mm。

A.1 450　　　　　　　　　　　　　B.1 350

⑨查看《BIM建模实务——技能点手册》JZ-1-4.4,本任务绘制楼梯时,定位采用了(　　　)。

A.定位线"梯段:左"　　　　　　　　B.定位线"梯段:中"

⑩结合本任务中的"相关知识与技能"点6,在Revit中绘制梯段时,沿着楼梯(　　　)方向绘制。

A.上行　　　　　　　　　　　　　　B.下行

⑪本任务休息平台靠外墙一侧的边界应在(　　　)。

A.Ⓓ轴　　　　　　　　　　　　　　B.Ⓓ轴附近外墙墙体的内表面

步骤6:创建首层楼梯模型。

在步骤4"楼梯参照平面.rvt"的基础上,按照任务要求设置楼梯属性,创建首层楼梯模型,并另存文件为"首层楼梯.rvt",参见《BIM建模实务——技能点手册》JZ-1-4.3和JZ-1-4.4。

步骤7:获取首层楼梯扶手信息。

结合图2-1-4.1—图2-1-4.4自行获取首层楼梯栏杆扶手信息。

①本任务梯井处扶手栏杆高度为(　　　)mm。

A.900　　　　　　　　　　　　　　B.1 100

②楼梯两侧靠墙处是否放置了扶手栏杆?(　　　)

A.是　　　　　　　　　　　　　　　B.否

③楼梯各中间平台靠窗处设置了栏杆,其高度为(　　　)mm。

A.900　　　　　　　　　　　　　　B.1 100

步骤8:修改首层栏杆扶手。

在步骤6"首层楼梯.rvt"的基础上,修改栏杆扶手,并另存文件为"首层栏杆扶手.rvt",参见《BIM建模实务——技能点手册》JZ-1-4.5。

▶ **任务实施四**

任务要求：创建 F2～F5 模型，修改扶手栏杆，检查并完善楼梯模型。成果如图 2-1-4.9 所示。

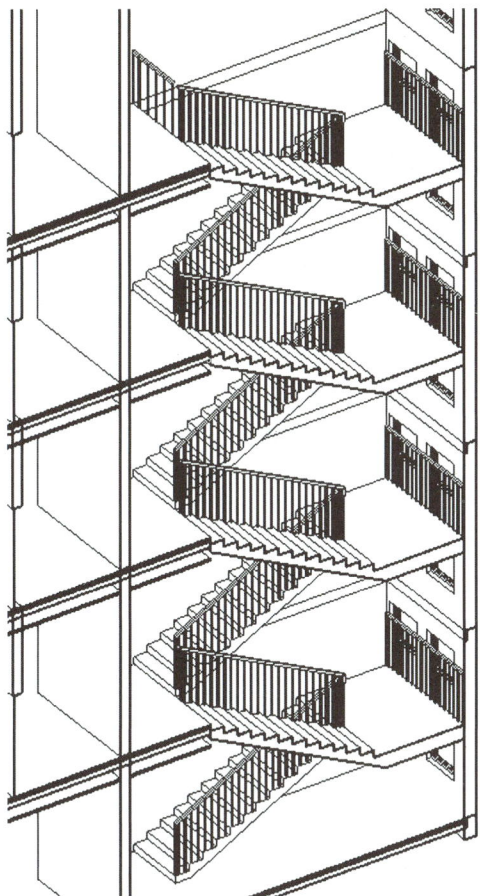

图 2-1-4.9　楼梯模型

步骤 9：洞口及多层楼梯知识。

结合图 2-1-4.1—图 2-1-4.4，仔细识图，获取 F2～F5 标高楼梯数据，查看《BIM 建模实务——技能点手册》JZ-1-4.7、JZ-1-4.8，回答下列问题。

①绘制楼梯时，观察到楼梯间楼板封闭，楼梯无法连接上下楼层，需要给楼梯间内多余的楼板开洞口，本任务应用（　　）进行楼梯间开洞。

A. 按面　　　　　　B. 竖井　　　　　　C. 墙　　　　　　D. 垂直　　　　　　E. 老虎窗

②本任务中四层楼梯的形式、尺寸均相同，可用多层楼梯命令来自动生成。（　　）

A. 正确　　　　　　B. 错误

③绘制完首层楼梯后，将其设置为多层楼梯，应选择哪些楼层标高？（　　）

A. F3　　　　　　B. F4　　　　　　C. F5　　　　　　D. 以上均选

步骤 10：开洞并创建多层楼梯。

在步骤 8"首层栏杆扶手.rvt"的基础上，创建楼梯洞口，用多层楼梯命令自动生成其余楼层楼梯，并另存文件为"多层楼梯.rvt"，参见《BIM 建模实务——技能点手册》JZ-1-4.6—JZ-1-4.8。

在线练习

洞口命令

核对楼板开洞位置　　　　创建洞口　　　　创建多层楼梯

步骤11：识图获取顶楼扶手栏杆数据。

本任务顶层楼层平台一侧为下行楼梯，另一侧无上行楼梯，此处安设了栏杆扶手，其主要作用是(　　)。

A. 美观　　　　　　　　　　　B. 临空防跌落

步骤12：补充顶层扶手栏杆。

修改顶层扶手栏杆，根据图纸继续完善模型，并以"楼梯模型. rvt"为文件名保存。参见《BIM 建模实务——技能点手册》JZ-1-4.9。

步骤13：成果提交。

在线练习

补充顶层栏杆

评价反馈

各类评价反馈表，见表 2-1-4.1—表 2-1-4.3。

表 2-1-4.1　知识技能评分标准(参考)

序号	评价项	评分	备注(适用自评、互评、师评)
1	文件格式及命名正确	□0　□5	满分 5 分
2	楼梯放置位置正确	□0　□10	满分 10 分
3	楼梯方向正确	□0　□10	满分 10 分
4	楼梯约束条件设置正确		满分 10 分，错 1 处扣 2 分
5	楼梯踢面数设置正确	□0　□5	满分 5 分
6	楼梯踏板深度设置正确	□0　□5	满分 5 分
7	多层楼梯设置正确		满分 10 分，错 1 处扣 2.5 分
8	梯井处扶手栏杆高度设置正确		满分 5 分，错 1 处扣 2 分
9	中间平台窗户处扶手栏杆正确		满分 5 分，错 1 处扣 2 分
10	顶楼悬空处扶手栏杆正确		满分 5 分，错 1 处扣 2 分
小计			满分 70 分

表 2-1-4.2　职业素养评分标准(参考)

序号	评价项	评分	备注(适用自评、互评、师评)
1	具备自主学习的能力		满分 15 分
2	具备严谨细致、严格按照图纸进行建模的专业态度		满分 15 分
小计			满分 30 分

表 2-1-4.3　任务评价与反馈(参考)

序号	评价项	评分	备注(适用自评、互评、师评)
1	知识与技能的掌握		见表 2-1-4.1
2	职业素养的树立		见表 2-1-4.2
小计			满分 100 分

总结归纳

请根据本任务的完成情况,进行相关知识与技能点的回顾;总结重、难点;梳理工作流程;归纳工作方法;记录自我感受。

易错点

请根据个人任务完成情况,完成易错、易漏点汇总,以备后续加强练习。

相关知识与技能

点 1:楼梯的组成。

楼梯由梯段、平台、扶手栏杆组成。

点 2:踏面与踢面。

梯段由踏步组成,踏步由踏面和踢面组成,如图 2-1-4.10 所示。

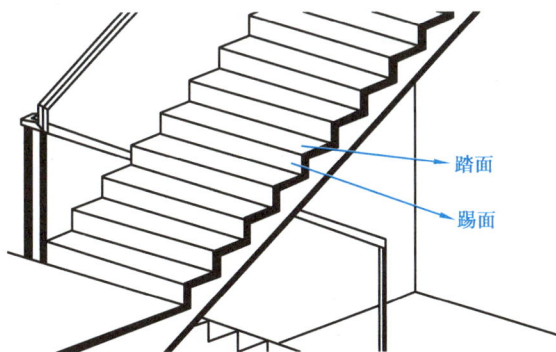

图 2-1-4.10　踏面与踢面

点 3:踏板深度。

在 Revit 中,"踏板深度"即踏步宽度。

踏步宽度即踏面宽度。踏面为人攀爬楼梯时脚踩的平面,其宽度需满足人脚掌的长度。根据建筑物类型的不同,踏步有不同的尺寸要求,见表2-1-4.4。普通住宅公共楼梯的踏步最小宽度为260 mm,一般宿舍楼梯的踏步最小宽度为270 mm,老年人住宅应设缓坡楼梯,即踏步最小宽度为300 mm。

表2-1-4.4 楼梯踏步最小宽度和最大高度[《民用建筑设计统一标准》(GB 50352—2019)]

楼梯类别		最小宽度/m	最大高度/m
住宅楼梯	住宅公共楼梯	0.260	0.175
	住宅套内楼梯	0.220	0.200
宿舍楼梯	小学宿舍楼梯	0.260	0.150
	其他宿舍楼梯	0.270	0.165
老年人建筑楼梯	住宅建筑楼梯	0.300	0.150
	公共建筑楼梯	0.320	0.130
托儿所、幼儿园楼梯		0.260	0.130
小学校楼梯		0.260	0.150
人员密集且竖向交通繁忙的建筑和大、中学校楼梯		0.280	0.165
其他建筑楼梯		0.260	0.175
超高层建筑核心筒内楼梯		0.250	0.180
检修及内部服务楼梯		0.220	0.200

点4:踢面高度。

在Revit中,"实际踢面高度"即踏步高度。

踏步高度即踢面高度。踢面与踏面垂直,为人攀爬楼梯时脚尖朝向的立面,其高度需满足人抬腿的高度。根据建筑物类型的不同,踏步有不同的尺寸要求,见表2-1-4.1。普通住宅公共楼梯的踏步最大高度为175 mm,一般宿舍楼梯的踏步最大高度为165 mm,老年人住宅应设缓坡楼梯,即踏步最大高度为150 mm。

点5:中间平台与楼层平台。

楼梯平台是用来连接梯段与梯段之间,或梯段与楼板之间的水平板,有中间平台和楼层平台之分,如图2-1-4.11所示。

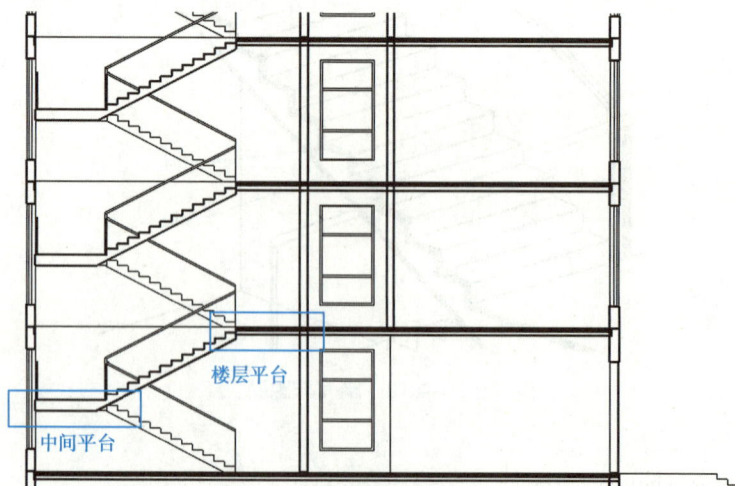

图2-1-4.11 中间平台和楼层平台

中间平台：连接梯段与梯段之间的平台为中间平台。中间平台常位于两楼层之间。它还有一个重要作用是缓解疲劳，人们在连续上楼时可在平台上稍加休息，故又称为休息平台。

楼层平台：与楼板或地面相连的平台为楼层平台。楼层平台除有与中间平台相同的作用外，还有分配从楼梯到各楼层人流的作用。

点 6：Revit 中梯段放置方向。

Revit 中梯段放置方向应沿着楼梯上行的方向绘制。

项目二　体量与族

任务一　创建体量

📋 任务描述

图纸及资料

　　某综合体项目拟开展前期概念方案设计，需要快速对建筑形体进行体量分析，并计算建筑的基本技术指标。本任务要求按照需求创建 BIM 概念体量模型，需满足给定的条件，要求避免形体重叠、交叉，并通过体量模型，创建体量楼层，运用创建明细表的方法统计楼层面积和建筑总面积。

📖 知识目标

　　(1)掌握体量模型创建的基本步骤和方法。
　　(2)熟悉创建体量的作用。
　　(3)掌握从体量模型中提取建筑技术指标的方法。

⚡ 技能目标

　　(1)能运用基本的建模方法熟练创建常规的体量模型。
　　(2)能载入体量模型并创建体量楼层。
　　(3)能对体量模型进行形体分析和经济技术指标的应用。

👥 素质目标

　　(1)具有创新意识和勇于尝试的设计师职业意识。
　　(2)具有缜密的逻辑思维能力和精益求精的工匠精神。
　　(3)具有不怕困难、吃苦耐劳的精神。

📑 测评手段

　　(1)通过信息化手段收集任务成果，开展学生自评、互评，教师点评。
　　(2)通过课前、课中、课后与学生交流，观察学生课堂表现，根据在任务中体现的思政素养，运用信息化技术手段，全方位、全过程记录学生的过程性成绩。

🎬 **任务实施一**

图 2-2-1.1　给定概念体量平面参数

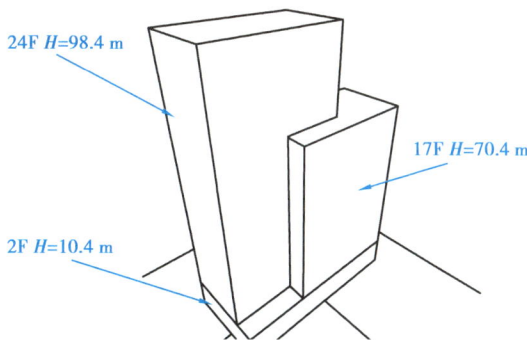

图 2-2-1.2　生成三维概念体量

步骤 1：建筑体量知识题。

结合任务描述具体要求（图 2-2-1.1）以及本任务中的"相关知识与技能"，思考建筑体量创建的方法，完成以下习题：

①Revit 软件在模型创建过程中，不能创建特殊造型的墙体。（　　）

A. 正确　　　　　　B. 错误

②在 Revit 概念设计中通常通过搭建建筑（　　）模型来对建筑形体进行推敲和分析。

A. 模型　　　　　　B. 体量　　　　　　C. 动画

③在 Revit 中可通过新建（　　）来创建一个新的概念体量模型。

A. 概念体量　　　　B. 项目　　　　　　C. 族

④建筑概念体量的创建方法是唯一的。（　　）

A. 正确　　　　　　B. 错误

⑤概念体量中，不同的形体组合在一起可以用（　　）命令来实现。

A. 剪切　　　　　　B. 连接

步骤 2：创建体量形体。

以公制体量样板新建一概念体量文件，根据图 2-2-1.1、图 2-2-1.2 给定的概念体量基本数据，创建概念体量模型，要求概念体量和参考图一致，并以"概念体量"为文件名保存（文件后缀名为".rfa"），参见《BIM 建模实务——技能点手册》JZ-2-1.1—JZ-2-1.3。

在线练习

创建概念体量

▶ 任务实施二

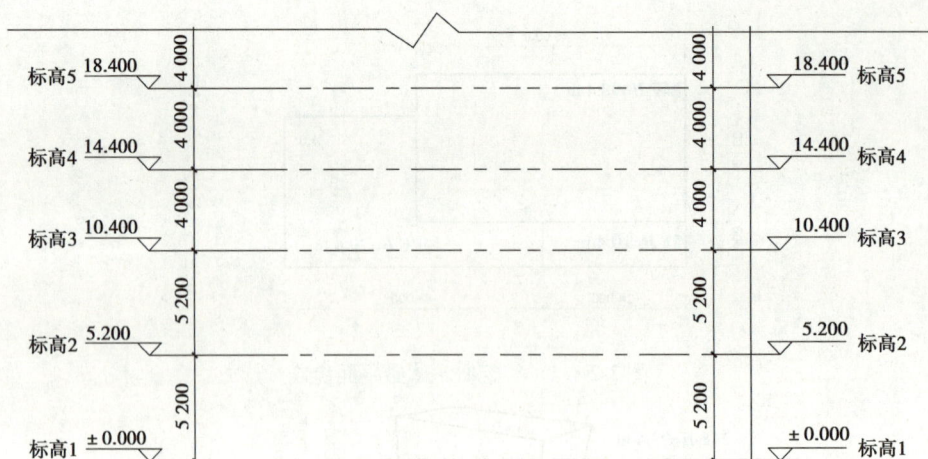

图 2-2-1.3　标高示意图

图 2-2-1.4　生成体量楼层

裙房两层，层高 5 m，其余楼层层高均为 4 m。

步骤 3：概念体量应用知识题。

结合任务描述和图 2-2-1.3 具体要求以及本任务中的"相关知识与技能"，思考建筑体量的应用过程，完成以下习题：

①创建体量楼层可以在（　　　）中实现。

A. 新建项目文件　　　　　　　　　　　　B. 概念体量

②体量楼层的创建前提应设置好（　　　）。

A. 楼层标高　　　　　　　　　　　　　　B. 总高度

③体量楼层创建好后，可通过（　　　）来提取楼层面积。

A. 绘制面积线　　　　　　　　　　　　　B. 体量明细表

④载入概念体量到项目后，可通过（　　　）来创建墙体。

A. 绘制普通墙　　　　　　　　　　　　　B. 面墙

⑤概念体量可通过面墙的方式创建墙体，但对一些特殊形体的墙，则不能通过该方法实现（　　　）。

A. 正确　　　　　　　　　　　　　　　　B. 错误

在线练习

步骤4：体量楼层的经济技术指标统计。

将步骤2中创建好的"概念体量.rfa"文件载入新建的项目文件中，按照图2-2-1.3、图2-2-1.4进行标高设置，并生成体量楼层，通过体量明细表统计建筑经济技术指标，并将源文件按"经济技术指标"为文件名保存（文件后缀名为".rvt"），参见《BIM建模实务——技能点手册》JZ-2-1.4。

步骤5：成果提交。

📊 评价反馈

各类评价反馈表，见表2-2-1.1—表2-2-1.3。

表2-2-1.1　知识技能评分标准（参考）

序号	评价项	评分	备注（适用自评、互评、师评）
1	概念体量标高命名正确		满分10分，错1处扣2分
2	项目文件标高命名正确		满分5分，错1处扣1分
3	概念体量标高参数设置正确		满分10分，错1处扣1分
4	概念体量连接正确		满分5分
5	概念体量形体尺寸正确		满分10分，错1处扣1分
6	体量载入到新建项目文件正确		满分5分
7	项目文件标高参数设置正确		满分10分，错1处扣1分
8	体量楼层明细表创建正确		满分5分
9	统计数据误差在5%以内		满分10分
	小计		满分70分

表2-2-1.2　职业素养评分标准（参考）

序号	评价项	评分	备注（适用自评、互评、师评）
1	自主学习的能力		满分10分
2	创新性设计的能力		满分10分
3	团结协作，吃苦耐劳		满分10分
	小计		满分30分

表2-2-1.3　任务评价与反馈（参考）

序号	评价项	评分	备注（适用自评、互评、师评）
1	知识+技能		见表2-2-1.1
2	职业素养的树立		见表2-2-1.2
	小计		满分100分

⊕ 总结归纳

　　请根据本次任务的完成情况,进行相关知识与技能点的回顾;总结重、难点;梳理工作流程;归纳工作方法;记录自我感受。

_____

_____

_____

_____

_____

_____

易错点

　　请根据个人任务完成情况,完成易错、易漏点汇总,以备后续加强练习。

_____

_____

_____

_____

_____

A/B 相关知识与技能

点1：概念体量的作用。

①可以根据概念体量模型推敲建筑的形态。

②可以根据概念体量模型,通过明细表统计建筑楼层面积、占地面积等数据。

③在新建的空的项目中,设置好楼层标高,载入体量模型,可以根据概念体量模型表面创建面墙、面楼板、面屋顶等。

④可以对概念体量的表面进行划分,并通过"自适应构件"生成多种复杂的表面,利用表面生成。

点2：Revit体量是什么?

　　体量全称为概念体量,也属于族的定义范畴,但由于自由度更高,可以直接对形状的点、线、面进行更改,从而创建更为自由的建筑形体。一般概念体量分为外部可载入体量族和内建概念体量族。可载入体量和内建体量的区别:可载入体量在项目外部可以单独创建,支持创建新类型,且可同时载入不同的项目提供使用;内建体量需要在项目内部创建,创建方法与可载入体量一样,但是内建体量不支持创建新类型,仅支持当前项目使用,不支持同时载入其他项目。

点3：不同的体量形体,有重叠部分应如何处理?

①实践操作中,当创建的两个立方体体量形体出现重叠部分时,需要减去重叠部分,如图2-2-1.5所示。

图 2-2-1.5　形体重叠

②依次单击"修改"→"连接"→"连接几何图形"，然后分别单击形体 1、形体 2，如图 2-2-1.6 所示。

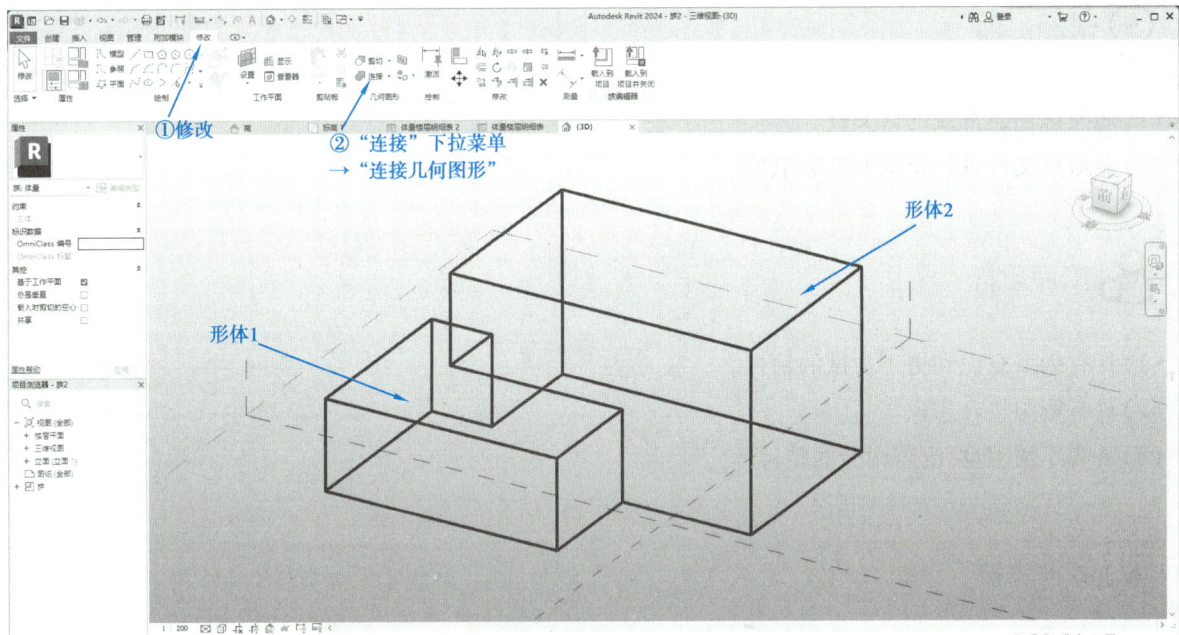

图 2-2-1.6　形体连接

任务二　创建族

📇 任务描述

在某新农村住宅信息模型创建过程中,本地族库中没有需要的桌子族文件,为了完整地表达设计意图,需创建自定义的个性化族文件,实现方案的多样性和丰富性,同时可作为拓展族文件库在类似的项目中推广应用,从而提高设计效率。本任务要求创建桌子族文件,并使其部分属性可由参数控制。

图纸及资料

📖 知识目标

(1)掌握族创建的基本方法。
(2)掌握族创建过程中参数的赋值方法。
(3)掌握自定义族的应用方法。

⚡ 技能目标

(1)能熟练创建常规的族文件。
(2)能对族文件进行正确的参数赋值。

👤 素质目标

(1)具有创新意识和勇于尝试的精神。
(2)具有资源整合意识。
(3)具有不怕困难、吃苦耐劳的精神。

📑 测评手段

(1)通过信息化手段收集任务成果,开展学生自评、互评,教师点评。
(2)通过课堂与学生交流,观察学生课堂表现,根据在任务中体现的职业素养,通过信息化平台全方位、全过程记录学生的过程性成绩。

▶ 任务实施一

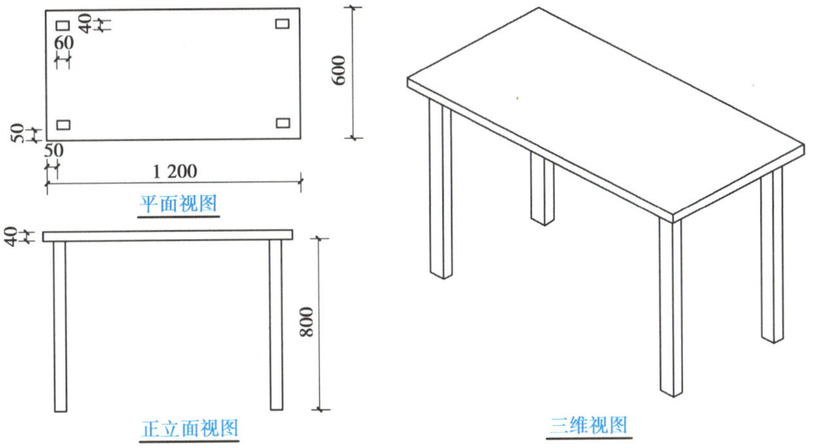

图 2-2-2.1　给定公制族基本参数

步骤 1：族创建知识题。

结合任务描述和图 2-2-2.1 的具体要求以及本任务中的"相关知识与技能"，思考族创建的方法，完成以下习题：

①Revit 中的所有图元都是基于（　　　）的。

A. 构件　　　　　　　　　　B. 族

②Revit 有 3 种族类型，分别是系统族、（　　　）、内建族。

A. 原始族　　　　　　　　　B. 标准构件族

③在 Revit 中预定义的族，包含如墙、楼板等，属于（　　　）。

A. 系统族　　　　　　　　　B. 标准族　　　　　　　　　C. 内建族

④使用族编辑器，可根据用户需要在族中加入各种参数，如距离、材质、可见性等（　　　）。

A. 正确　　　　　　　　　　B. 错误

⑤内建族可以载入新项目中使用。（　　　）

A. 正确　　　　　　　　　　B. 错误

步骤 2：创建公制桌子族。

以公制常规模型样板新建一族文件，按照图 2-2-2.1 中的基本数据，创建需要的族文件，要求桌子的长、宽、高，以及材质，均可由参数控制，并以"公制族"为文件名保存（文件后缀名为".rfa"），参见《BIM 建模实务——技能点手册》JZ-2-2.1—JZ-2-2.2。

在线练习

创建桌子族

▶ **任务实施二**

①公制族（桌）　　②修改尺寸（mm）：　　③修改材质：樱桃木
1 000（长）×700（宽）×400（高）

图 2-2-2.2　公制族的基本应用

步骤 3：族应用知识题。

结合任务描述和图 2-2-2.2 的具体要求以及本任务中的"相关知识与技能"，思考创建族的应用方法，完成以下习题：

在线练习

①创建好的族文件可以通过（　　　　）进行应用。

A. 载入到项目　　　　　　　　　　　　　B. 复制到项目

②已经载入到项目的族文件不能再次修改，因此载入前一定要检查完善。（　　　）

A. 正确　　　　　　　　　　　　　　　　B. 错误

③创建好的族，可以将其分类放置在扩展族库中，以备其他类似项目使用，从而提高工作效率。（　　　）

A. 正确　　　　　　　　　　　　　　　　B. 错误

④当前已有多个平台和渠道可以获取 Revit 族，因此设计师不需要掌握族的创建方法，从而将更多的精力用于设计本身。（　　　）

A. 正确　　　　　　　　　　　　　　　　B. 错误

⑤族标准是创建族的依据，包含了族的命名、制作规定、平立面表达、族参数设置等。（　　　）

A. 正确　　　　　　　　　　　　　　　　B. 错误

步骤 4：自制公制桌子族的应用。

将上述"公制族.rfa"按照图 2-2-2.2 进行参数定义和属性设置，并将族文件载入新建项目文件中，通过"编辑类型"复制多个不同族类型，以"族应用"为文件名保存（文件后缀名为".rvt"），参见《BIM 建模实务——技能点手册》JZ-2-2.3。

族应用

步骤 5：成果提交。

📊 **评价反馈**

各类评价反馈表，见表 2-2-2.1—表 2-2-2.3。

表 2-2-2.1　知识技能评分标准（参考）

序号	评价项	评分	备注（适用自评、互评、师评）
1	族命名正确		满分 10 分
2	项目文件命名正确		满分 5 分
3	族文件保留参照线（参照平面）		满分 10 分，错 1 处扣 1 分

续表

序号	评价项	评分	备注(适用自评、互评、师评)
4	模型与参照线(参照平面)绑定		满分10分,错1处扣1分
5	族文件定义属性名称正确		满分10分,错1处扣1分
6	族文件属性参数赋值正确		满分5分,错1处扣1分
7	族参数能控制模型联动		满分10分,错1处扣1分
8	将族文件正确载入到新建项目中		满分5分
9	在新建项目中正确复制新类型		满分5分
	小计		满分70分

表 2-2-2.2　职业素养评分标准(参考)

序号	评价项	评分	备注(适用自评、互评、师评)
1	自主学习的能力		满分10分
2	创新性设计能力		满分10分
3	团结协作,吃苦耐劳		满分10分
	小计		满分30分

表 2-2-2.3　任务评价与反馈(参考)

序号	评价项	评分	备注(适用自评、互评、师评)
1	知识+技能		见表2-2-2.1
2	职业素养的树立		见表2-2-2.2
	小计		满分100分

总结归纳

请根据本任务的完成情况,进行相关知识与技能点的回顾;总结重、难点;梳理工作流程;归纳工作方法;记录自我感受。

_____

_____

_____

_____

_____

_____

易错点

请根据个人任务完成情况，完成易错、易漏点汇总，以备后续加强练习。

_____

_____

_____

_____

_____

相关知识与技能

点 1：Revit 的族类型。

Revit 中的所有图元都是基于族的，族是某一类别中图元的类。

系统族：包括所有内置于软件中，用户无法自行创建或删除的族类型，其中包括墙和楼板等模型构件，也包括楼层平面、项目数据和标高等与之同样重要的项目。系统族无法创建或删除，其属性是出厂时预定义的。

标准构件族：默认情况下，项目样板中已载入一部分标准构件族，但更多标准构件族存储在构件库中。使用族编辑器创建和修改构件，可根据需要加入材质、可见性、距离等参数。族标准是创建族的依据，包含族的命名、族参数设置等，每一个构件族都有自己的族标准，可以通过修改命名、族参数来直接应用现有构件族；也可以利用各种族样板的标准创建新的构件族。标准构件族可以位于项目环境外，且具有".rfa"扩展名；也可以将它们载入项目，从一个项目传递到另一个项目；还可以保存到个人族库中以备其他类似项目调用。已经载入到项目的族文件也可以再次修改。

内建族：可以是特定项目中的模型构件，也可以是注释构件。只能在当前项目中创建内建族，因此它们只可用于该项目特定的对象，如自定义墙的处理。创建内建族时，可以选择类别，且使用的类别将决定构件在项目中的外观和显示控制。

点 2：嵌套族什么？

在较复杂的族创建过程中，可以组合使用族编辑器提供的实心形状和空心形状来构建复杂的形体。然而，实践过程中，在单个族中管理复杂的形体非常麻烦，因此通常的做法是将对象分割成独立的几个部分，并将这些部分构建成各自独立的族；然后将这些分割后的更简单的族插入另一个代表整体的族中，这就是嵌套族。以这种方式管理复杂的族时，具有很强的可控性和灵活性。

点 3：本任务"步骤 2"在桌面平面内拉伸创建了桌面板。也可在桌板剖切面内拉伸创建桌面板。

①首先单击标题栏"创建"→"拉伸"，然后设置工作平面，如图 2-2-2.3 所示。

图 2-2-2.3　设置工作平面

②单击"拾取平面"，然后选中原始水平参考平面，如图 2-2-2.4 所示。

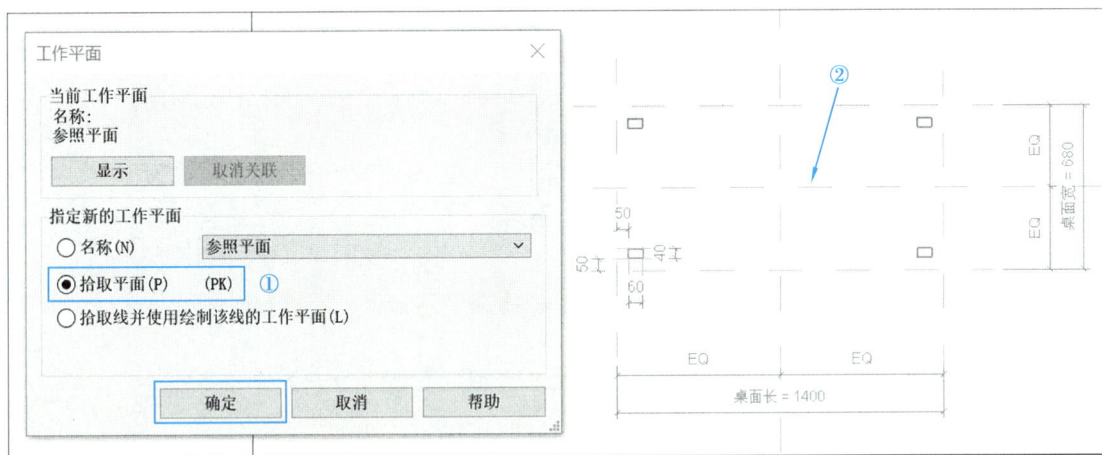

图 2-2-2.4　选中参考平面

③双击"前"进入前视图，单击"矩形"命令，然后按图绘制桌面截面轮廓线，并锁定"左""下""右"的轮廓线与参考线，如图 2-2-2.5 所示。

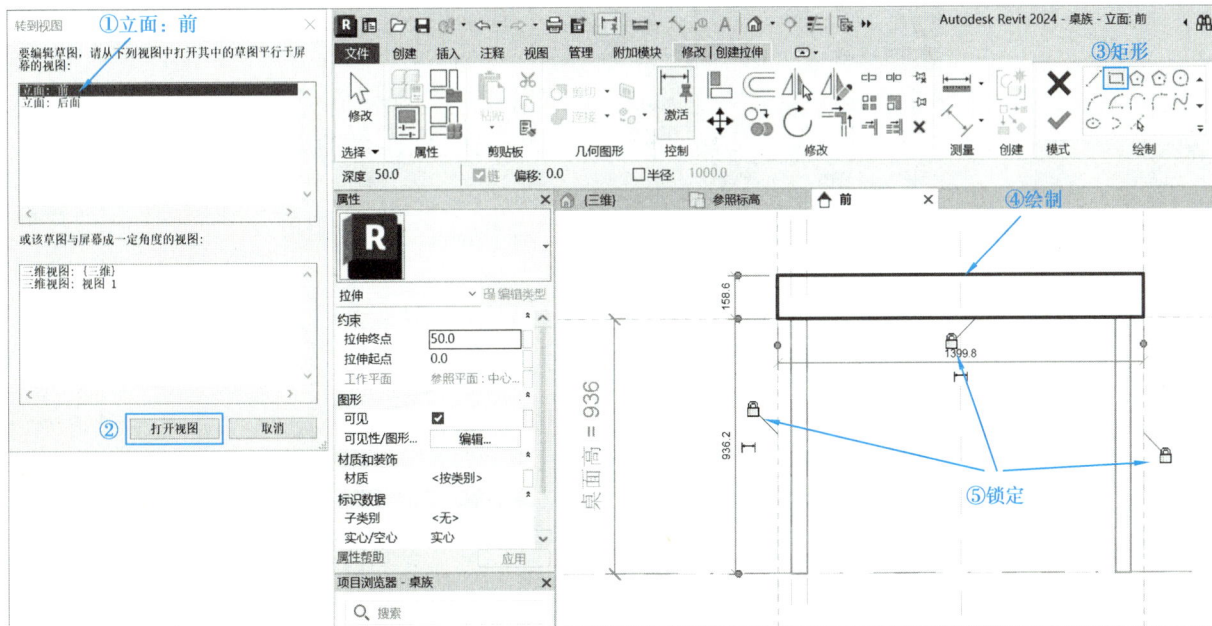

图 2-2-2.5　锁定轮廓线

④单击"注释"（快捷键:DI），对"上"轮廓线进行如图标注，设定数值"50"后锁定，如图2-2-2.6所示。

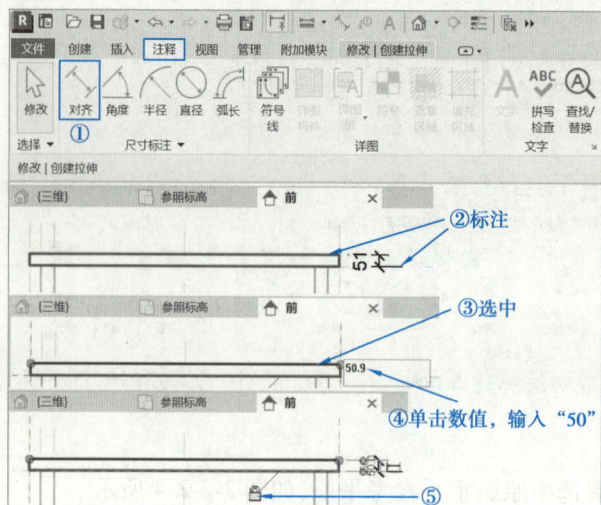

图2-2-2.6 赋予参数

⑤在"属性"面板中将拉伸起点设置为"-300"，拉伸终点设置为"300"后，单击"确定"，如图2-2-2.7所示。

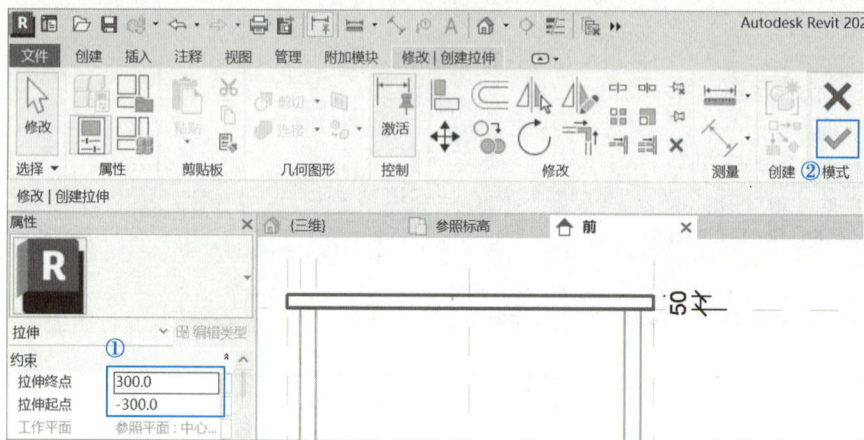

图2-2-2.7 设置拉伸起始数据

⑥单击切换到普通三维视图，可得到与本任务"步骤2"中一样的桌面形体效果，如图2-2-2.8所示。

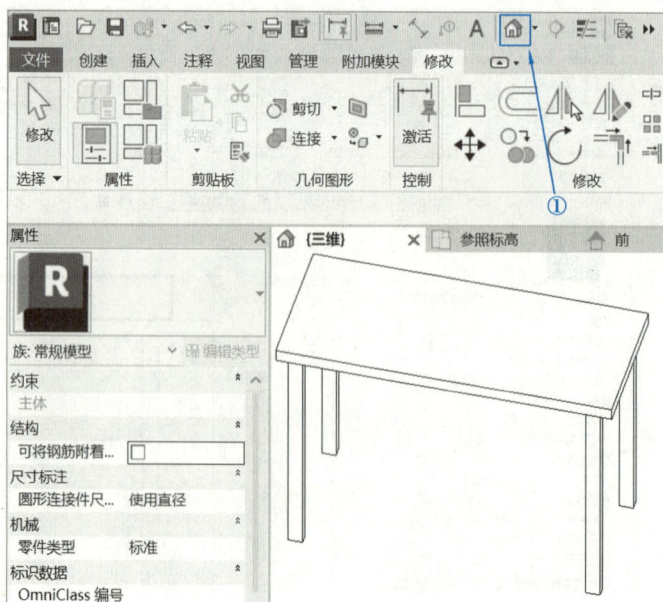

图2-2-2.8 三维显示

结构建模篇

学习目标

（1）会利用已有样板文件完成结构专业 BIM 模型的创建；

（2）能根据具体项目的多样性、具体情形的灵活性等进行结构模型的编辑与修改；

（3）针对局部构件或大样，具备一定的分析问题、解决问题的能力，具备一定的大样建模能力。

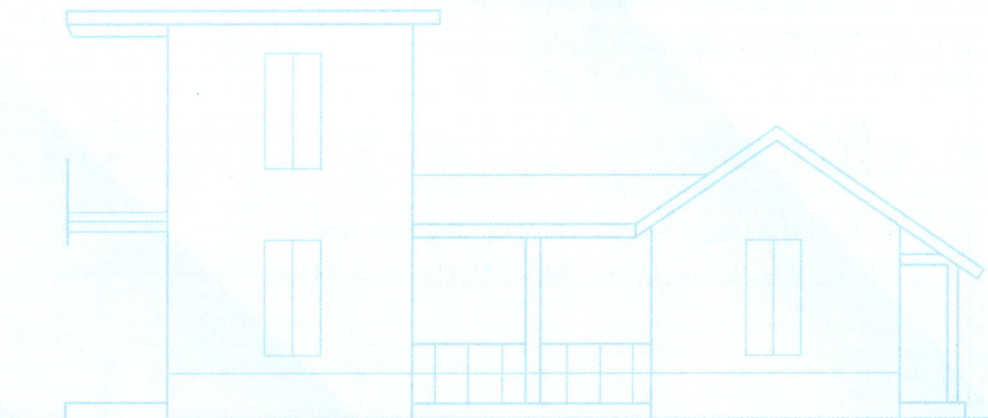

项目一　结构基础建模

任务一　创建独立基础

图纸及资料

📇 任务描述

　　某医养结合试点社区进行改扩建，欲增设一中医馆。由于该社区为居家医养社区，新增的中医馆周围民居院落环绕，需结合周围建筑的定位、基础埋深来确定中医馆的基础埋置深度及定位。为便于推敲该中医馆的基础方案，本任务要求 BIM 土建工程师利用 BIM 技术进行准确的结构基础建模。

📖 知识目标

（1）熟悉利用结构样板进行结构项目模型的创建。
（2）了解基础参数族的修改创建。
（3）应用参数族进行基础模型的创建。

⚡ 技能目标

（1）能利用结构样板创建结构项目模型。
（2）能根据施工图完成基础模型的创建。
（3）会修改创建独立基础参数族，能应用参数族。

👤 素质目标

（1）自主获取任务信息。
（2）分析问题，尝试多途径解决问题，培养创新思维。
（3）培养耐心细致的工作态度。

📑 测评手段

（1）利用信息化平台记录学习过程，提交练习成果。
（2）观察学习过程，结合成果的提交，进行综合评价。

▶ **任务实施一**

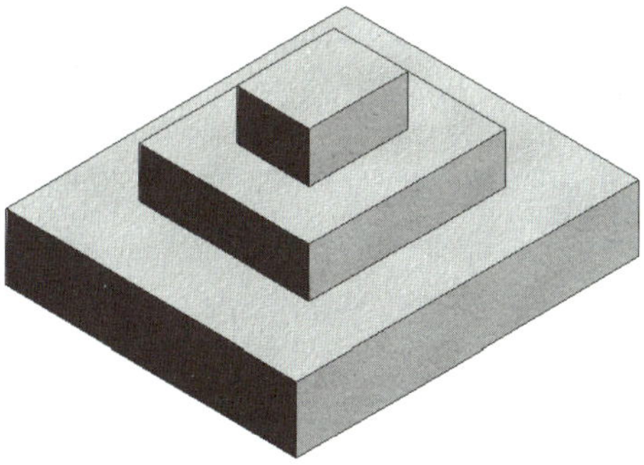

图 3-1-1.1　三阶独立基础 　　　　　　　图 3-1-1.2　二阶独立基础

步骤 1：相关基础知识。

Revit 2024 中自带三阶独立基础族文件，如图 3-1-1.1 所示；二阶独立基础族可利用该三阶独立基础族进行修改创建，如图 3-1-1.2 所示。结合本任务的"相关知识与技能"，完成以下习题：

①Revit 中可载入族文件以（　　）为文件的后缀名。

A."．rfa"　　　　　　　　　　　　B."．rvt"

②如图 3-1-1.3 所示，单击箭头所指符号可以使（　　）。

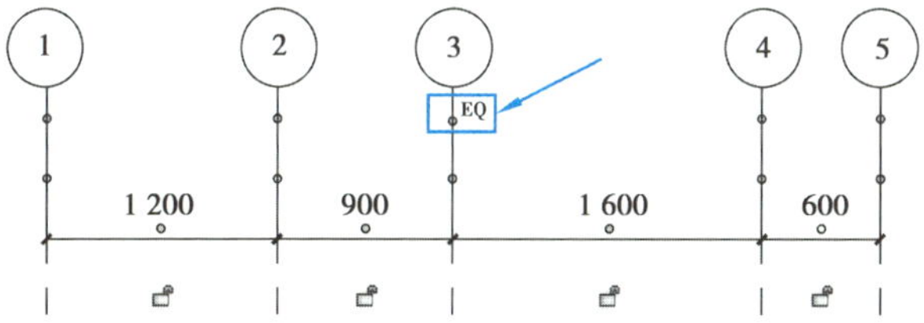

图 3-1-1.3　连续标注的"EQ"符号 　　　　　图 3-1-1.4　单击图标一

A.图中连续标注的尺寸分割为 5 个单独的标注尺寸

B.5 条线等间距均布

③打开"独立基础-三阶"族文件，单击图 3-1-1.4 中箭头所指图标按钮，会弹出（　　）对话框。

A. 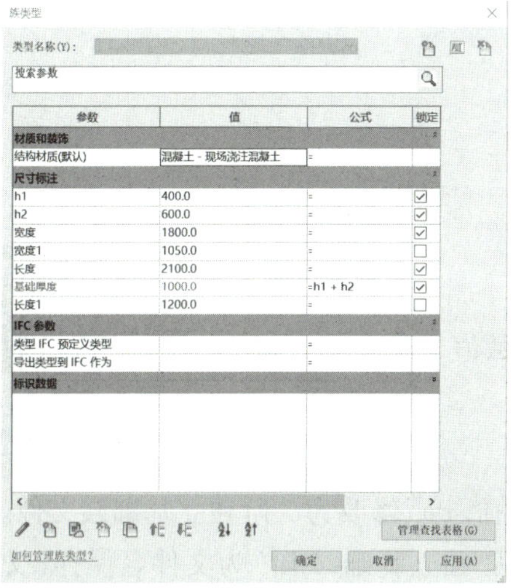　　　　　　　　　　　　　　　　　　　　B.

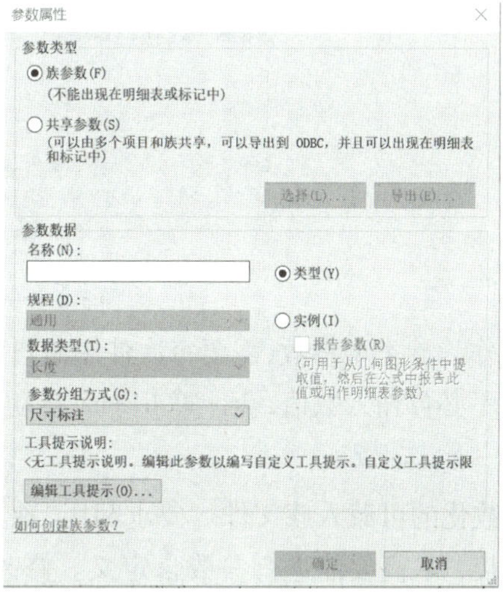

④打开"独立基础-三阶"族文件,选中一个标注尺寸,单击图 3-1-1.5 中箭头所指图标按钮,会弹出(　　　)对话框。

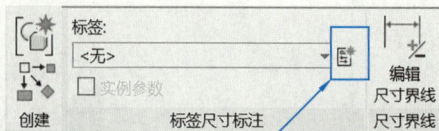

图 3-1-1.5　单击图标二

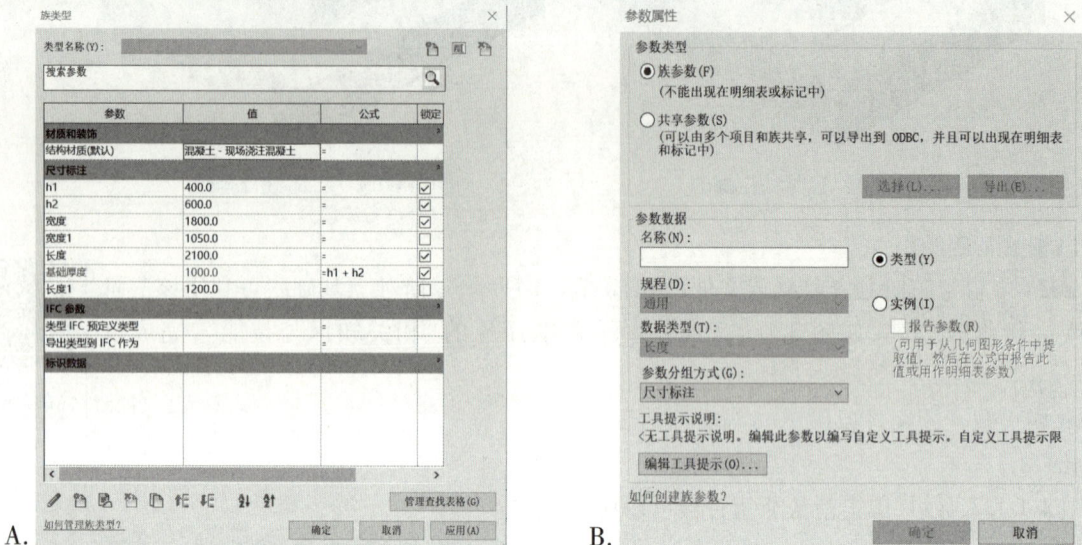

A.

B.

⑤在创建"独立基础-二阶"族文件的过程中,在"族类型"对话框中,设置参数"基础厚度"的公式"=h1+h2",如图 3-1-1.6 中的箭头所指。在新项目中载入该族,说法正确的是(　　　)。

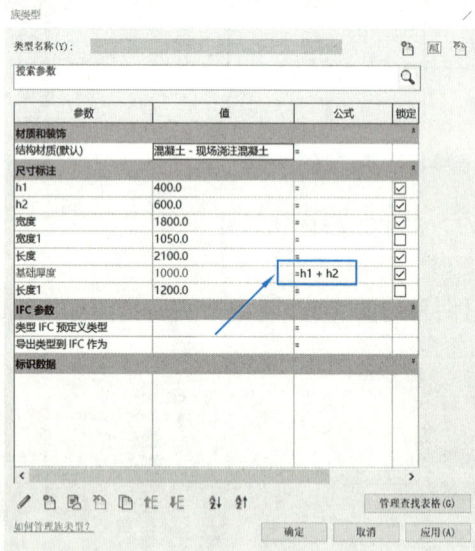

图 3-1-1.6　设置公式

A.基础厚度作为族类型参数,需要每次使用时自定义输入数值

B.基础厚度不必再输入数值,会计算 h1+h2 自动生成数据

步骤 2:定制二阶基础族。

定制一个参数化的可载入族文件。要求利用"独立基础-三阶. rfa"修改为二阶独立基础族文件。其中,该二阶独立基础长、宽、高要能进行参数自定义。修改完成后以"独立基础-二阶"为文件名保存(文件后缀名为". rfa")。参见《BIM 建模实务——技能点手册》JG-1-1.1。

二阶独立基础
参数化创建

▶️ 任务实施二

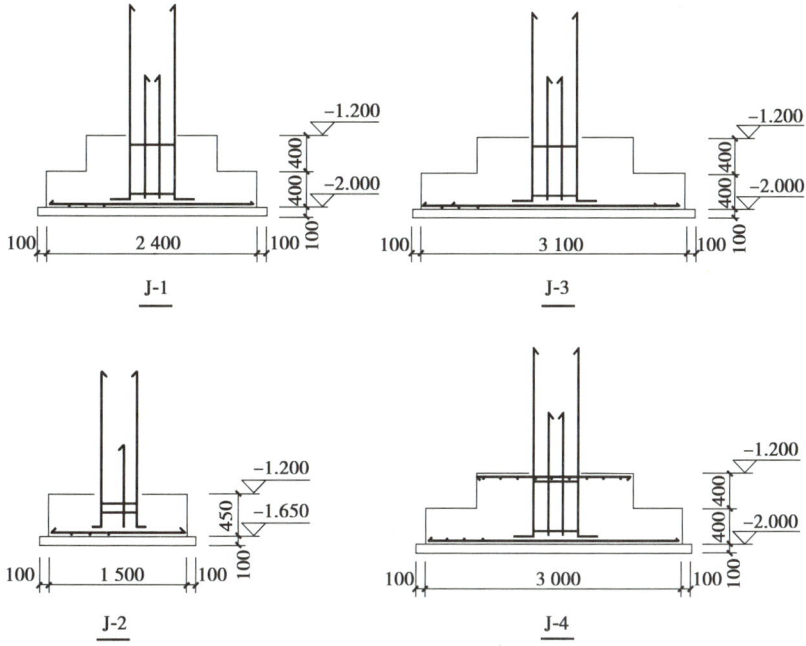

图 3-1-1.7　独立基础大样

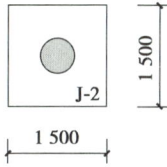

图 3-1-1.8　基础 J-2（单阶）

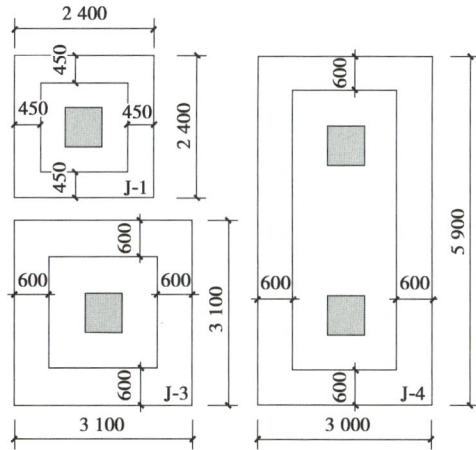

图 3-1-1.9　基础 J-1、J-3、J-4（双阶）

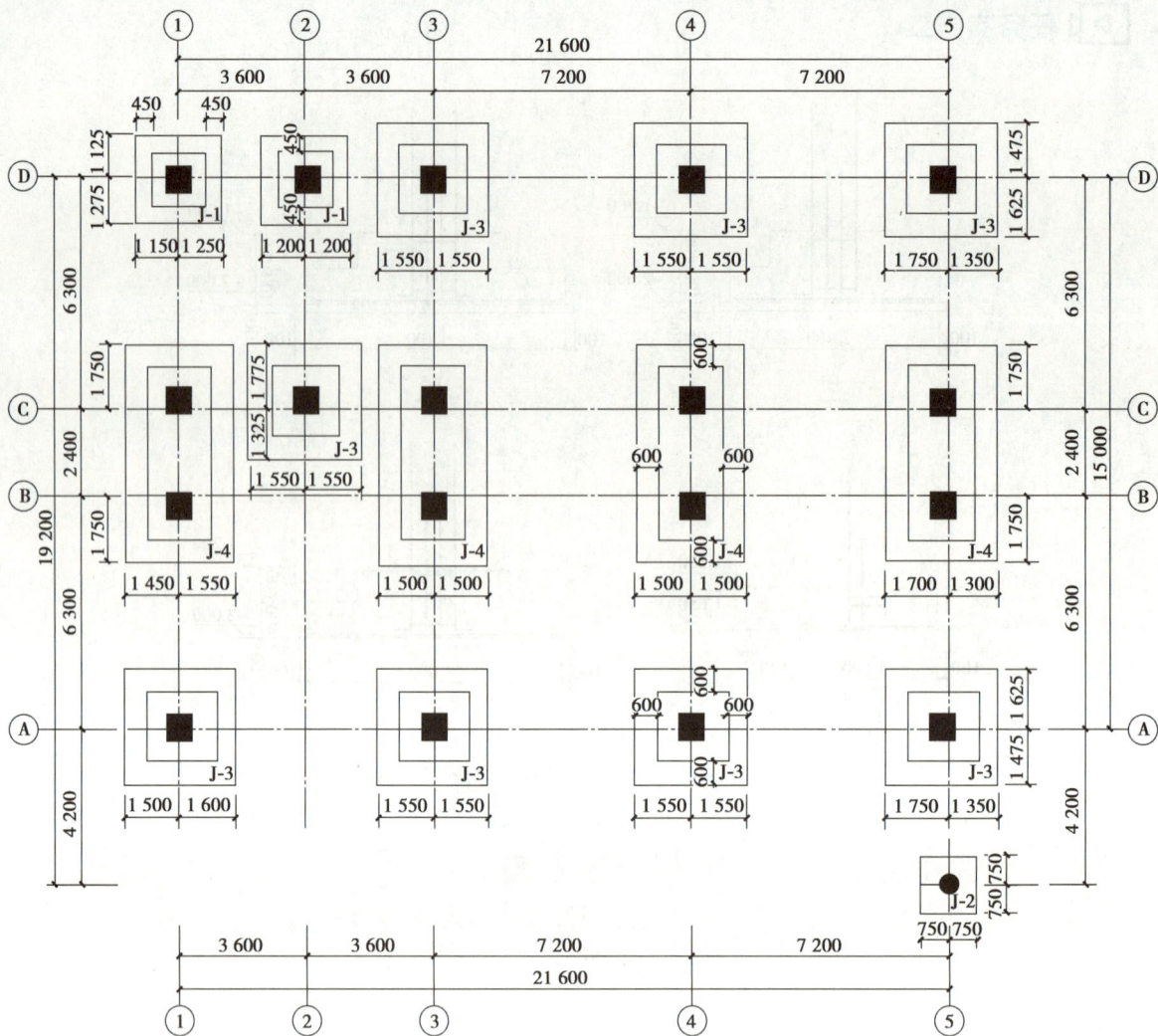

图 3-1-1.10 基础平面布置图

混凝土强度等级：

独立基础——C30

基础垫层——C15

步骤3：相关识图与基础知识。

识读基础图 3-1-1.7—图 3-1-1.10，结合本任务的"相关知识与技能"，完成以下习题：

①图中独立基础 J-1、J-3、J-4 的最外围长宽分别是（　　　），单位为 mm。

A. 2 400×2 400、3 100×3 100、3 000×5 900

B. 1 500×1 500、1 900×1 900、1 800×4 700

②图中单阶独立基础 J-2 的基础高度为（　　　）；双阶独立基础 J-1、J-3、J-4 的基础高度均为（　　　），单位为 mm。

A. 450;400+400　　　　　　　　　B. 550;900

③图中独立基础 J-1、J-3、J-4 最上一级台阶长宽分别是（　　　），单位为 mm。

A. 1 500×400、1 900×400、1 800×400

B. 1 500×1 500、1 900×1 900、1 800×4 700

④图中基础垫层每边都超出基础底边（　　　）。

A. 600 mm　　　　　　　　　　　B. 100 mm

在线练习

⑤图中基础垫层厚均为(　　　)。

A. 450 mm 　　　　　　　　　　　　B. 100 mm

⑥Revit 中导入 CAD 时,在"导入 CAD 格式"对话框中,"导入单位"应为(　　　)。

A. 自动检测 　　　　　　　　　　B. 毫米

⑦Revit 中导入 CAD 后,导入的 CAD 图默认为锁定状态,此时(　　　)。

A. 该 CAD 图不能删除和移动,能进行复制

B. 该 CAD 图既不能删除,也不能移动和复制

⑧Revit 中可以通过单击操作界面左下角"视觉样式"进行显示效果切换,以下选项中,(　　　)属于一种视觉样式。

A. 中等 　　　　　　　　　　B. 隐藏线

步骤 4:布置基础。

结合本任务提供的基础施工图信息,创建一个基础模型。要求载入前文定制的"独立基础-二阶.rfa",完成本次独立基础模型创建,以"基础模型"为文件名保存(文件后缀名为".rvt")。参见《BIM 建模实务——技能点手册》JG-1-1.2。

基础模型创建

步骤 5:成果提交。

⌊₀₀⌋ 评价反馈

各类评价反馈表,见表 3-1-1.1—表 3-1-1.3。

表 3-1-1.1　知识技能评分标准(参考)

序号	评价项	评分	备注(适用自评、互评、师评)
1	基础模型文件格式及命名正确	□0　□5	满分 5 分
2	"独立基础-二阶""J-1～J-4"命名正确		满分 5 分;错 1 处扣 1 分
3	单、双阶独立基础正确匹配基础编号	□0　□5	满分 5 分
4	基础偏心绘制正确		满分 30 分;错 1 处扣 1 分
5	独立基础按编号放置正确		满分 15 分;错 1 处扣 1 分
6	单阶独立基础参数设置正确		满分 4 分;错 1 处扣 1 分
7	双阶独立基础参数设置正确		满分 6 分;错 1 处扣 1 分
8	基础垫层参数设置与绘制正确		满分 5 分;错 1 处扣 1 分
	小计		满分 75 分

表 3-1-1.2　职业素养评分标准(参考)

序号	评价项	评分	备注(适用自评、互评、师评)
1	自主学习的能力;创新思维		满分 15 分
2	耐心细致,严谨认真		满分 10 分
	小计		满分 25 分

表 3-1-1.3　任务评价与反馈(参考)

序号	评价项	评分	备注(适用自评、互评、师评)
1	知识与技能的掌握		见表 3-1-1.1
2	职业素养的树立		见表 3-1-1.2
小计			满分 100 分

总结归纳

　　根据本任务的完成情况,进行相关知识与技能点的回顾;总结重、难点;梳理工作流程;归纳工作方法,记录自我感受。

_____

_____

_____

_____

_____

易错点

根据个人任务完成情况,完成易错、易漏点汇总,以备后续加强练习。

_____

_____

_____

_____

_____

相关知识与技能

点 1:可载入族。

　　可载入族即标准构件族,后缀名为". rfa",是单独保存的、可以随时载入到项目中的独立存在的族。Revit 提供了族样板文件,允许用户自定义任意形式的族。BIM 工程师,常常通过建立自定义参数化族的方式扩充自己的 BIM 族库。一个具有各类参数信息的族,可通过修改参数值来应对不同工程项目中的需求。

　　根据项目实际情况,在 Revit 中选用标准构件族样板进行族编辑与修改或者通过自建族的方式创建特定对象,再通过赋予参数信息,使构件最大限度地满足工程所需的限制条件,同时能够便利地更改设计参数、管理构件信息,提高建模效率。

点 2:"EQ"——等间距布置符号。

　　①在 Revit 中,任意绘制几条互相平行的直线,如图 3-1-1.11 所示。

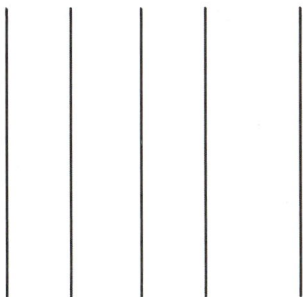

图 3-1-1.11　任意间距

②单击"注释"标题栏"对齐"命令，依次连续单击这 5 条直线，在空白处单击任意点放置连续标注，出现"EQ"符号，如图 3-1-1.12 所示；单击"EQ"完成 5 条直线均布，按两次"Esc"键退出命令，如图 3-1-1.13 所示。

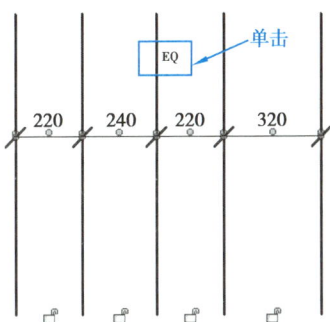

图 3-1-1.12　"EQ"符号

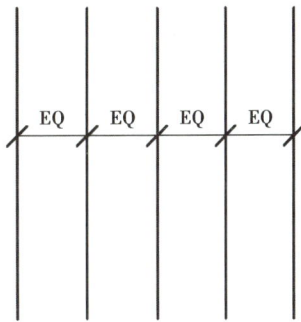

图 3-1-1.13　等间距

点 3："族类型"按钮与"创建参数"按钮。

"族类型"按钮：打开一个族文件，"创建"或者"修改"标题栏，"族类型"图标按钮位于属性区的图标中，如图 3-1-1.14 所示；单击该按钮，弹出"族类型"对话框，展示出该族文件被赋予的参数（如材质、尺寸标注、定制的公式等），这些参数可以被修改编辑、删除、新建等，如图 3-1-1.15 所示。

图 3-1-1.14　"族类型"按钮

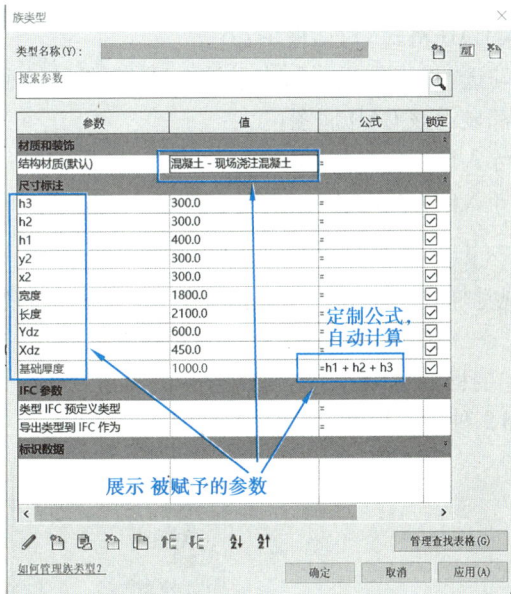

图 3-1-1.15　"族类型"对话框

"创建参数"按钮：打开一个族文件，选中一个标注尺寸，"创建参数"图标按钮出现在标签尺寸标注区的图标中，如图 3-1-1.16 所示；单击该按钮，弹出"参数属性"对话框，要求为选中的尺寸赋予一个参数名称（即标签），如图 3-1-1.17 所示；在项目中载入该参数族时，针对此参数族可以输入各种数据以适应不同项目的实际需要，如图 3-1-1.18 所示。

图 3-1-1.16　"创建参数"按钮

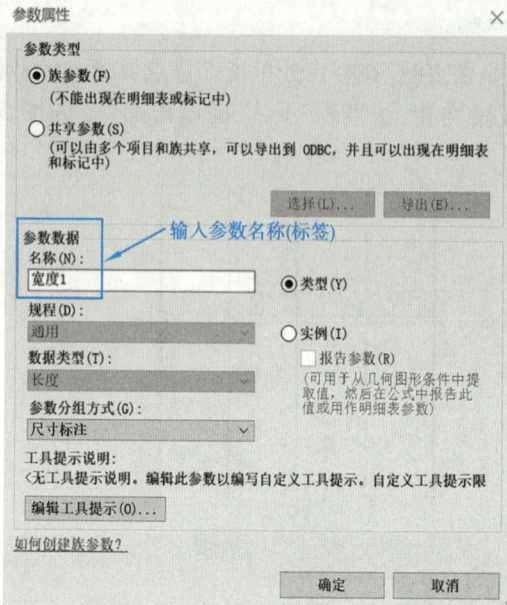

图 3-1-1.17　"参数属性"对话框

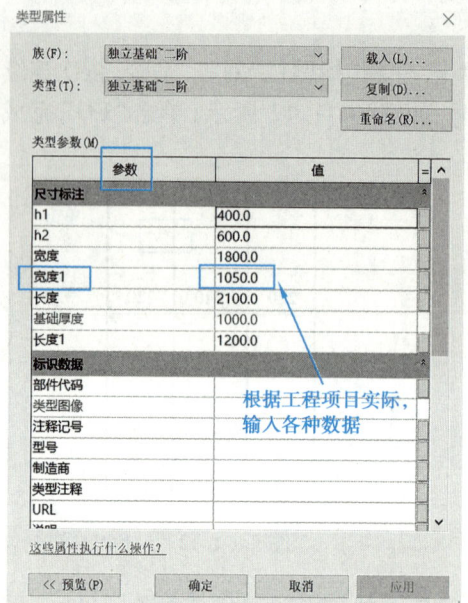

图 3-1-1.18　调整参数

点 4：在项目模型中导入 CAD。

在模型创建过程中，常常需要导入 CAD 图纸作为建模的底图，以 CAD 图为基准或者建模参照。在弹出的"导入 CAD 格式"对话框中：

①勾选"仅当前视图"，表示该 CAD 底图只显示在当前的视图里，其他视图不显示；若不勾选，则表示所有视图都显示该 CAD 底图。

②导入单位应选择"毫米"。

③导入的 CAD 图默认是锁定状态，不能删除和移动，但能进行复制。

点 5：Revit 中，"视觉样式"与"详细程度"。

"视觉样式"：Revit 中，单击操作界面左下角"视觉样式"可以进行显示效果切换。Revit 中有线框、隐藏线、着色、一致的颜色、真实、纹理等 6 种视觉样式，如图 3-1-1.19 所示。

"详细程度"：Revit 中，单击操作界面左下角"详细程度"可以进行显示精度切换。Revit 中有粗略、中等、精细 3 种显示精度，如图 3-1-1.20 所示。

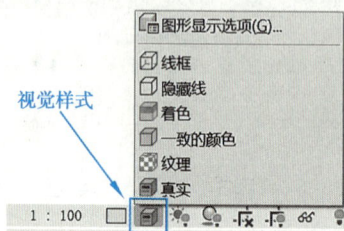

图 3-1-1.19　视觉样式

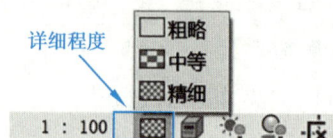

图 3-1-1.20　详细程度

项目二 地上结构建模

任务一　创建结构梁板柱

图纸及资料

任务描述

　　某社区拟增设一中医馆。该中医馆为框架结构,建设方要求创建地上主体结构 BIM 模型。该模型将提交各专业责任主体,各专业责任主体将基于此模型继续深化以便于指导施工。现要求 BIM 土建工程师利用 BIM 技术进行准确的地上主体结构建模。

知识目标

(1)熟悉利用结构样板进行结构项目模型的创建。
(2)掌握柱梁板的创建与编辑方法。
(3)应用柱梁板进行结构主体模型的创建。

技能目标

(1)能利用结构样板创建结构项目模型。
(2)能根据施工图完成主体结构模型的创建。
(3)能创建、编辑柱梁板参数;会协调柱梁板进行合理扣减。

素质目标

(1)自主获取任务信息。
(2)培养分析和解决问题的积极性与主动性。
(3)培养工作责任感。

测评手段

(1)利用信息化平台记录学习过程、提交练习成果。
(2)观察学习过程,结合成果的提交,进行综合评价。

▶ **任务实施一**

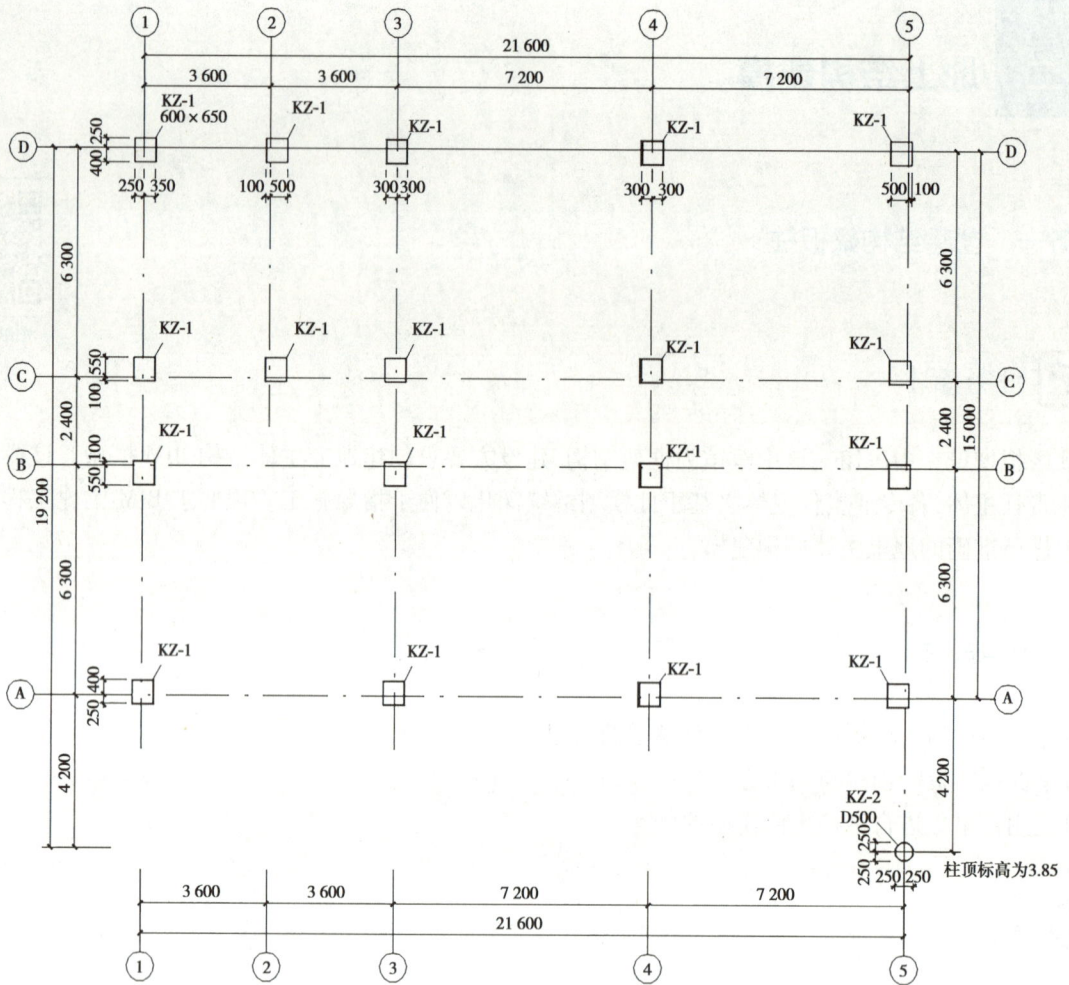

图 3-2-1.1　基顶~4.150 m 标高柱图

设计说明：基顶标高为-1.200 m；柱混凝土强度等级为 C30。

步骤 1：结构柱识图与基础知识。

结合图 3-2-1.1 的任务信息和"相关知识与技能"，完成以下习题：

①本任务施工图中，KZ-1、KZ-2 的截面分别是（　　　）。

A. 矩形柱 600×650，圆柱 D500

B. 圆柱 D500，矩形柱 600×650

②本任务施工图中，KZ-1，KZ-2 的柱底及柱顶标高分别是（　　　）。

A. KZ-1（-1.200~4.150）、KZ-2（-1.200~4.150）

B. KZ-1（-1.200~4.150）、KZ-2（-1.200~3.850）

③在"结构平面"→"基顶"视图中，放置 KZ-1（即柱底设置为：基顶-1.200 标高），则下图中箭头所指放置参数设定正确的是（　　　）。

在线练习

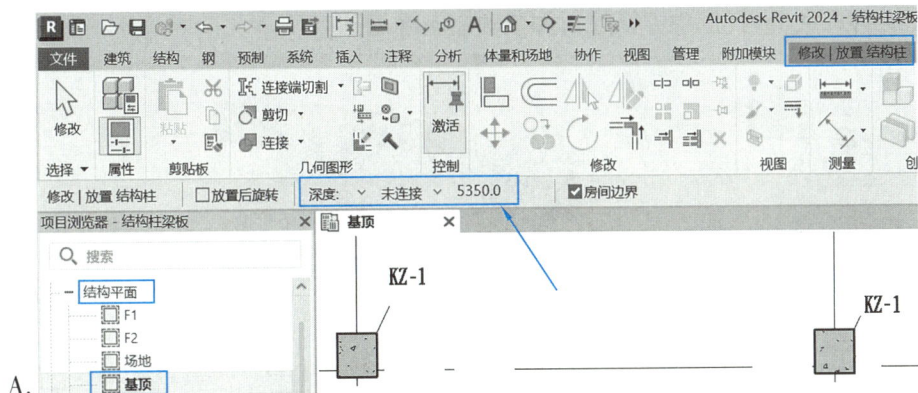

A.

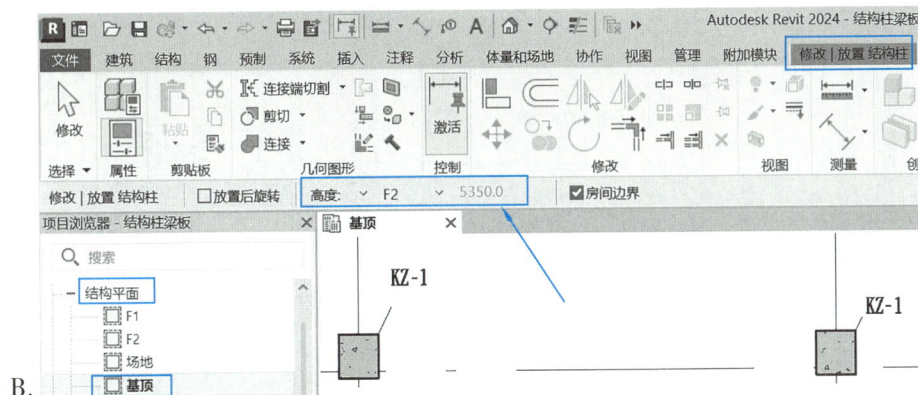

B.

步骤2:创建结构柱。

结合图3-2-1.1所示的施工图信息,创建一个结构柱模型。要求按照施工图完成本次结构柱模型的创建,以"结构柱"为文件名保存(文件后缀名为".rvt")。参见《BIM建模实务——技能点手册》JG-2-1.1。

▶ **任务实施二**

柱模型创建

设计说明:未标注梁顶标高为4.150 m;梁混凝土强度等级:C30。未标注板顶标高为4.150 m;板混凝土强度等级:C30。图中 h 表示板厚(单位:mm),未注明板厚处均为开洞。

步骤3:梁板识图与基础知识。

在线练习

识读施工图图3-2-1.2,结合本任务的"相关知识与技能",完成以下习题:

①图3-2-1.2中KL4、L2的截面尺寸、梁顶标高分别为(　　　)。

A. KL4(300 mm×550 mm、4.150 m)、L2(200 mm×300 mm、4.100 m)

B. KL4(300 mm×550 mm、4.150 m)、L2(200 mm×300 mm、4.150 m)

②图3-2-1.2中,L2所在处的楼板厚度及标高为(　　　)。

A. 100 mm、4.150 m　　　　　　　B. 100 mm、4.100 m

③下图中,关于楼板与柱的扣减顺序,正确的是(　　　)。

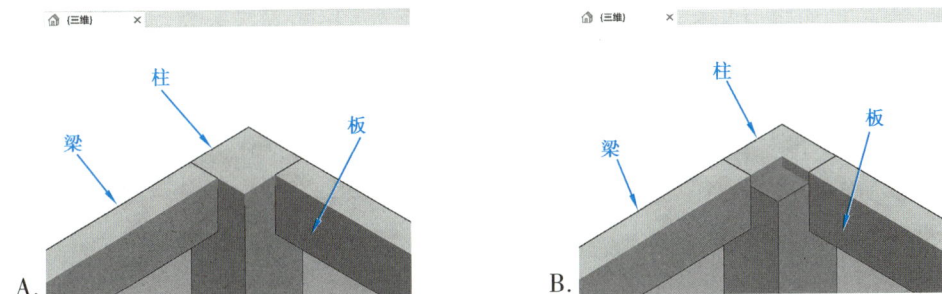

A.　　　　　　　　　　　　　　　　　B.

④下图降标高楼板是否伸入柱子内(图中方框处),扣减顺序正确的是(　　)。

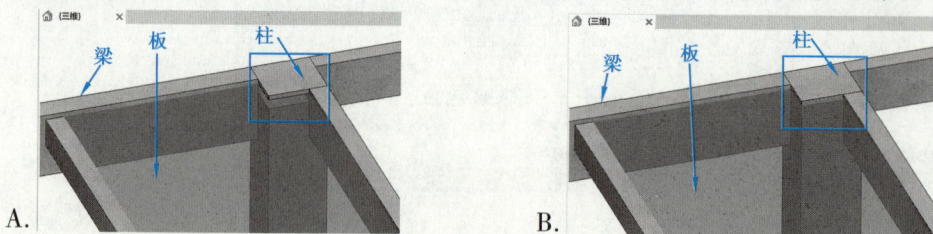

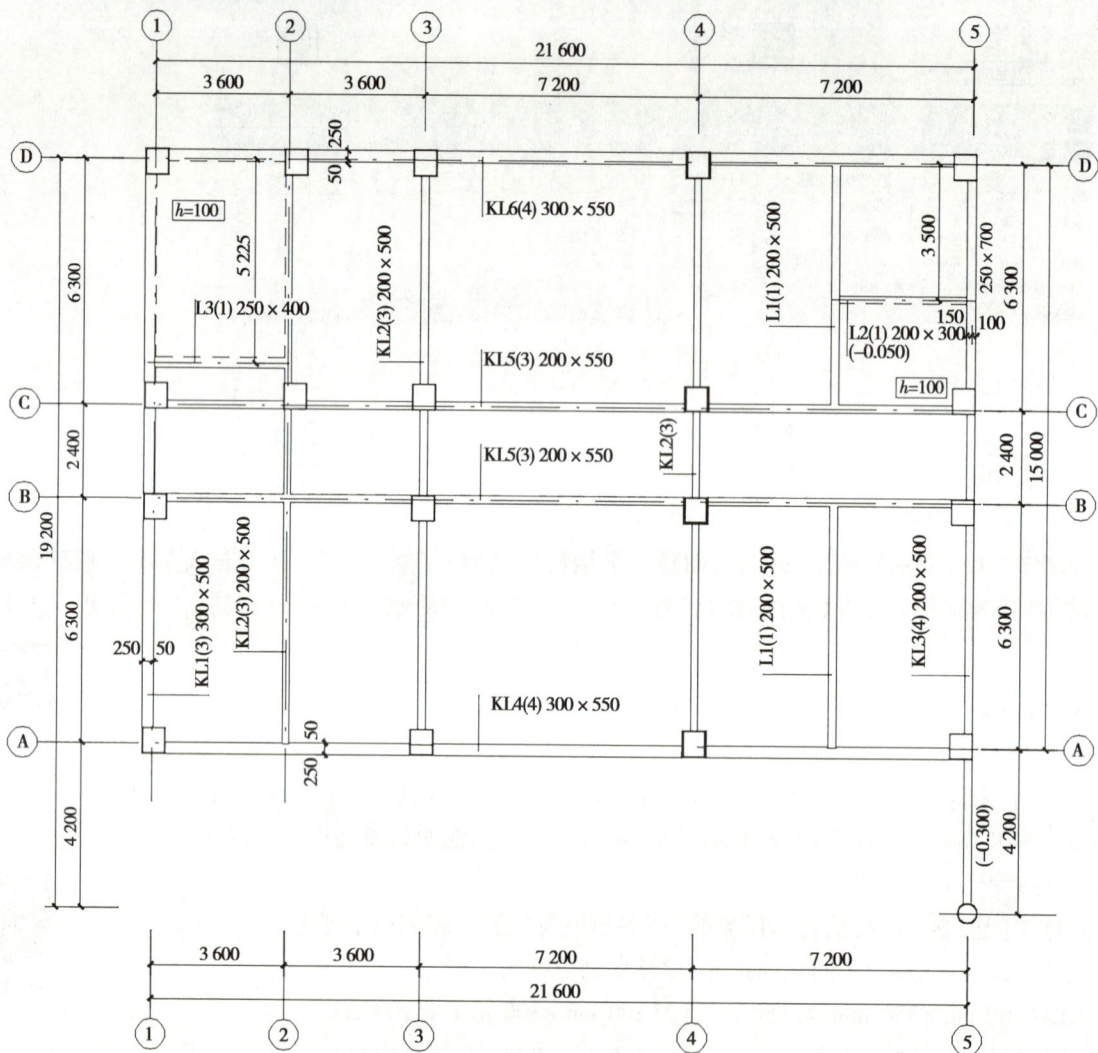

图 3-2-1.2　4.150 m 标高结构平面布置图

步骤 4：创建梁板。

结合前文提供的信息,在已创建的"结构柱.rvt"文件中,先完成结构梁的创建编辑,按照施工图进行准确布置,以"结构柱梁"为文件名保存(文件后缀名为".rvt")。参见《BIM 建模实务——技能点手册》JG-2-1.2。

识读"4.150 m 标高结构平面布置图"后,在"结构柱梁.rvt"文件中,继续完成楼板的创建编辑,按施工图准确布置;分析并思考 Revit 软件默认的梁板柱相互扣减顺序是否合理,再根据施工的实际情况对扣减顺序进行修改编辑。全部完成后,以"结构柱梁板"为文件名保存(文件后缀名为".rvt")。参见《BIM 建模实务——技能点手册》JG-2-1.3。

步骤5：成果提交。

梁模型创建

板模型创建

评价反馈

各类评价反馈表，见表3-2-1.1—表3-2-1.3。

表3-2-1.1　知识技能评分标准（参考）

序号	评价项	评分	备注（适用自评、互评、师评）
1	结构模型文件格式及命名正确	□0　□5	满分5分
2	正确设置标高、修改标高命名	□0　□5	满分5分
3	柱截面、编号、布置、标号正确		满分20分；错1处扣1分
4	梁截面、编号、布置、标号正确		满分30分；错1处扣1分
5	板厚、布置、标号正确	□0　□5	满分5分
6	正确设置梁板柱扣减顺序		满分10分；错1处扣5分
	小计		满分75分

表3-2-1.2　职业素养评分标准（参考）

序号	评价项	评分	备注（适用自评、互评、师评）
1	自主学习；积极分析及思考		满分15分
2	主动性；工作责任感		满分10分
	小计		满分25分

表3-2-1.3　任务评价与反馈（参考）

序号	评价项	评分	备注（适用自评、互评、师评）
1	知识与技能的掌握		见表3-2-1.1
2	职业素养的树立		见表3-2-1.2
	小计		满分100分

总结归纳

　　根据本任务的完成情况，进行相关知识与技能点的回顾；总结重、难点；梳理工作流程；归纳工作方法，记录自我感受。

_____

_____

_____

_____

_____

_____

易错点

根据个人任务完成情况,完成易错、易漏点汇总,以备后续加强练习。

_____

_____

_____

_____

_____

相关知识与技能

点 1:结构柱的布置参数:"高度"与"深度"。

"高度":布置结构柱时,在"结构平面"→"基顶"视图中,设置参数"高度"为"1 200.0",则表示:以"基顶"标高为柱底,以"基顶向上 1 200.0 mm"标高为柱顶,如图 3-2-1.3、图 3-2-1.4 所示。

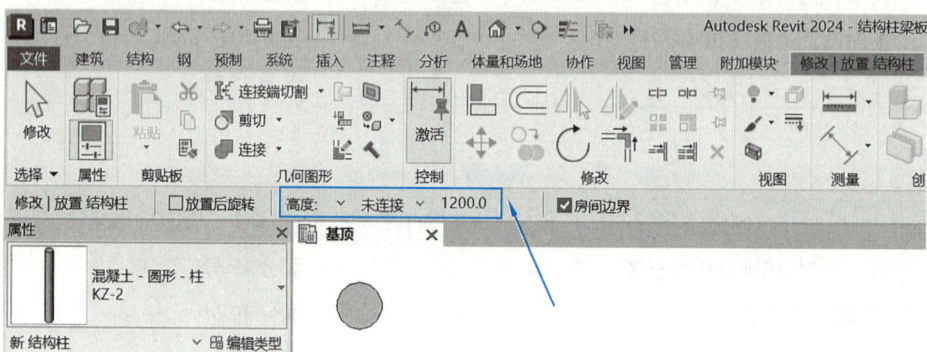

图 3-2-1.3　基顶视图-柱设置"高度"1 200

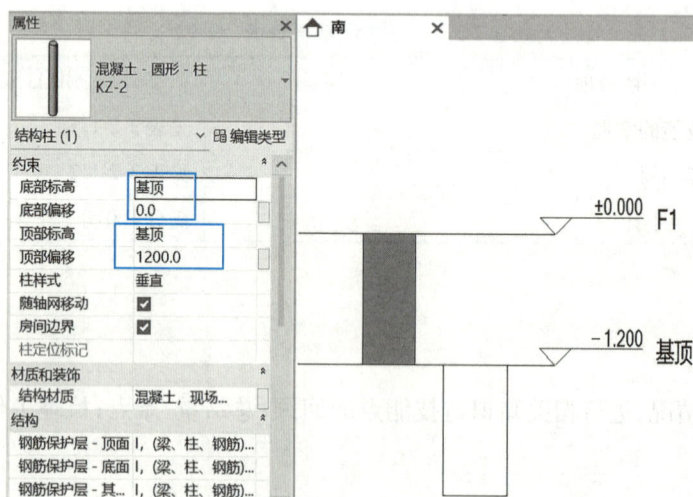

图 3-2-1.4　基顶向上 1 200.0 mm 为柱高

"深度":布置结构柱时,在"结构平面"→"基顶"视图中,设置参数"深度"为"1 200.0",则表示:以"基顶"标高为柱顶,以"基顶向下 1 200.0 mm"标高为柱底,如图 3-2-1.5、图 3-2-1.6 所示。

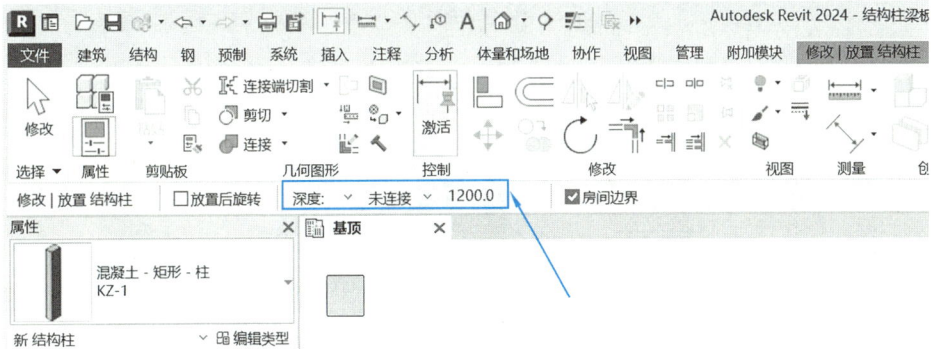

图 3-2-1.5 基顶视图-柱设置"深度"为 1 200.0

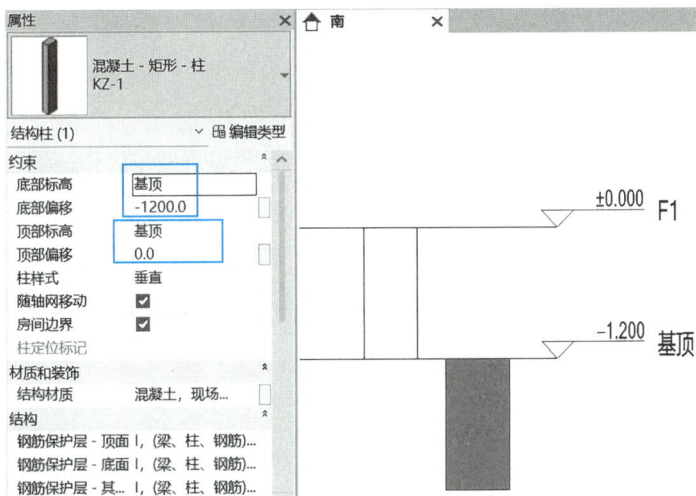

图 3-2-1.6 基顶向下 1 200.0 mm 为柱深

点 2：梁板升降标高布置。

①在 Revit 中，梁设置偏移值实现升降标高：在"结构平面"→"F2"视图布置的梁中，设置"Z 轴偏移值"为"−300.0"，则表示以"F2"降 300 mm 标高为梁顶面，如图 3-2-1.7 所示；若设置"Z 轴偏移值"为"300.0"，则表示以"F2"升 300 mm 标高为梁顶面，如图 3-2-1.8 所示。

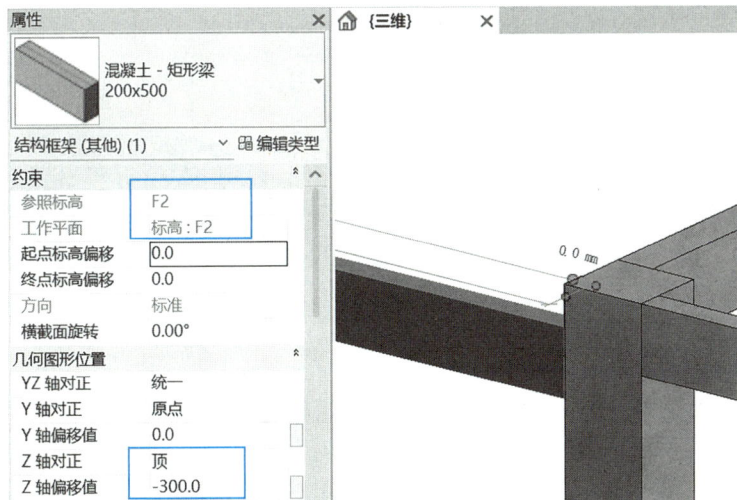

图 3-2-1.7 F2 标高向下 300 mm 为梁顶

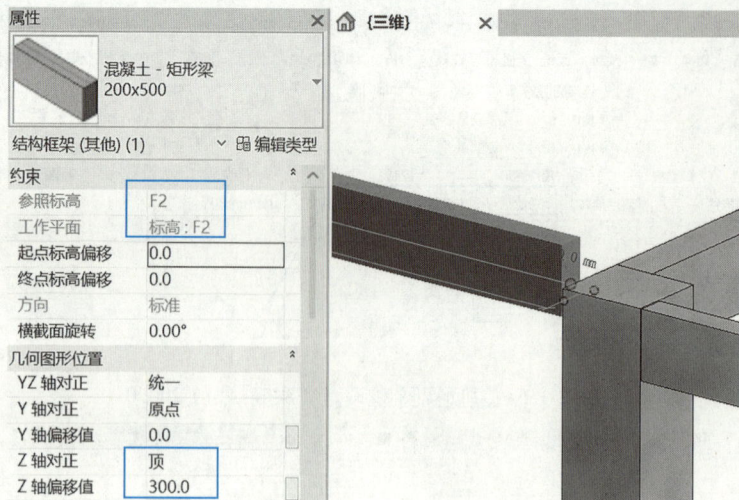

图 3-2-1.8　F2 标高向上 300 mm 为梁顶

②在 Revit 中，板设置偏移值实现升降标高：在"结构平面"→"F2"视图布置的板中，设置"自标高的高度偏移"为"-50.0"，则表示以"F2"降 50 mm 标高为板面，如图 3-2-1.9 所示；若设置"自标高的高度偏移"为"50.0"，则表示以"F2"升 50 mm 标高为板面，如图 3-2-1.10 所示。

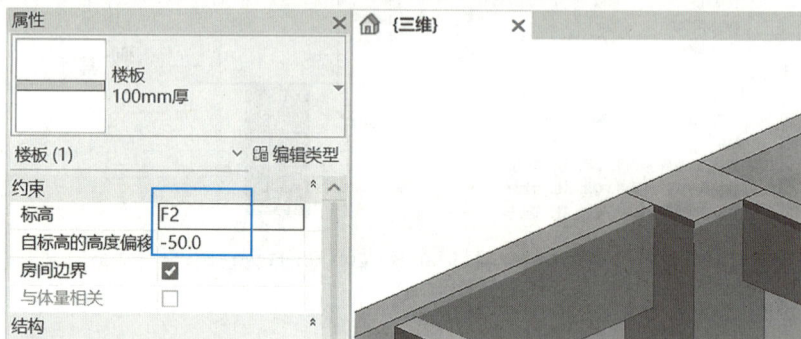

图 3-2-1.9　F2 标高向下 50 mm 为板面

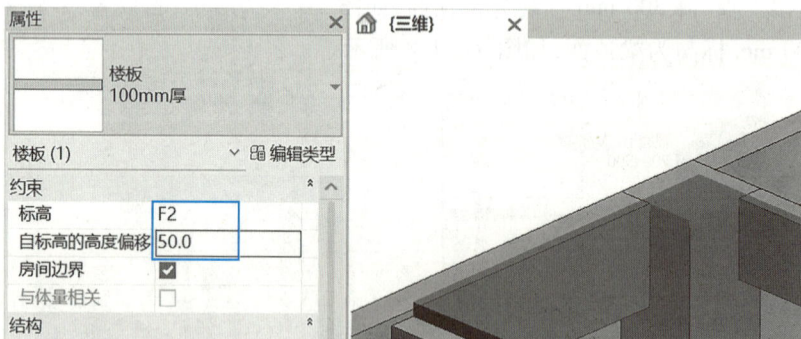

图 3-2-1.10　F2 标高向上 50 mm 为板面

点 3：柱梁板的扣减顺序。

在 Revit 中，默认的梁柱扣减顺序，如图 3-2-1.11 所示，梁被柱打断（剪切），即保持柱连通，这与现场实施情况吻合。

默认的板柱扣减顺序，如图 3-2-1.12 所示，柱被板打断（剪切），即保持板连通，这与现场实施情况不吻合。需要修改扣减顺序，选中标题栏"修改"，单击"连接"小三角形，选中"切换连接顺序"，分别单击板和柱，完成扣减顺序修改，按"Esc"键退出命令，如图 3-2-1.13、图 3-2-1.14 所示。

图 3-2-1.11　梁被柱剪切

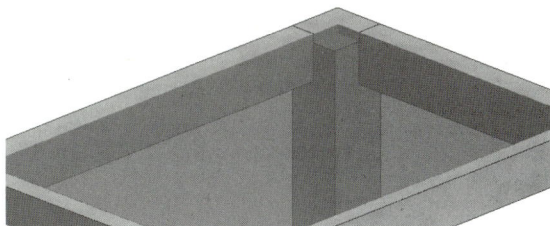

图 3-2-1.12　柱被板剪切

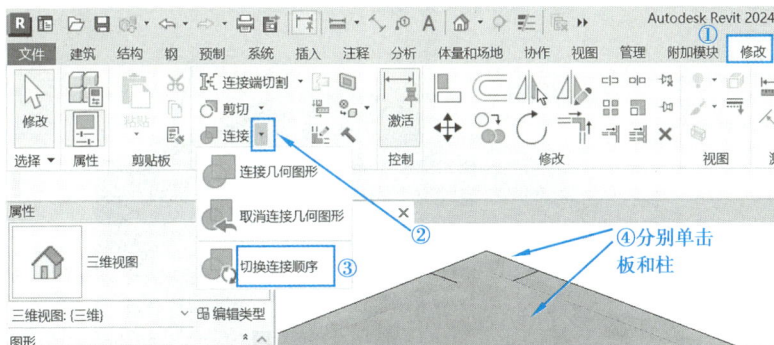

图 3-2-1.13　切换柱与板的连接顺序

图 3-2-1.14　板齐柱边

　　默认的梁板扣减顺序，如图 3-2-1.15 所示，梁被板打断（剪切），即保持板连通，这与现场实施情况不吻合。需要修改扣减顺序，选中标题栏"修改"，单击"连接"小三角形，选中"切换连接顺序"，分别单击板和梁，完成扣减顺序修改，按"Esc"键退出命令，如图 3-2-1.16、图 3-2-1.17 所示。

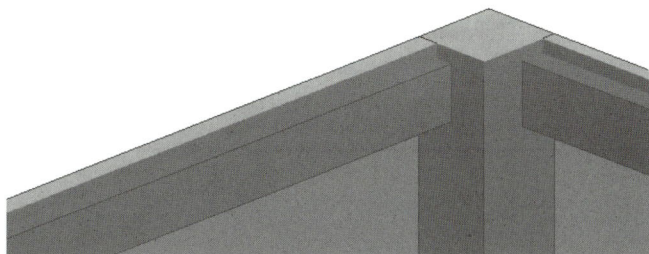

图 3-2-1.15　梁被板剪切

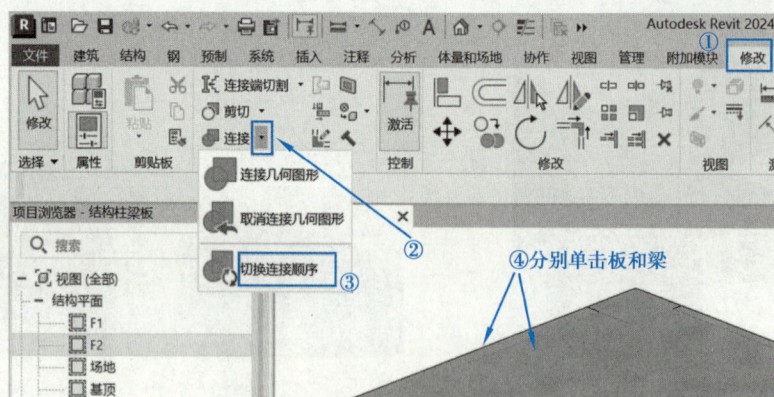

图 3-2-1.16　切换梁与板的连接顺序

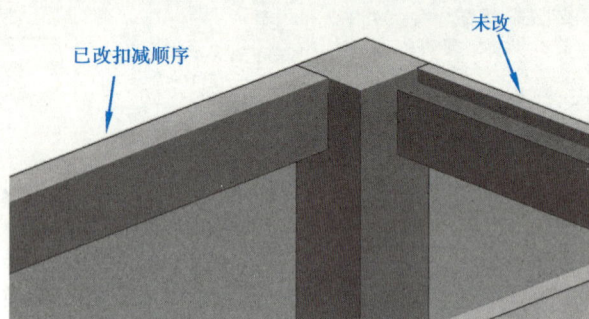

图 3-2-1.17　板齐梁边与梁被板剪切对比

任务二　创建结构楼梯大样

图纸及资料

任务描述

某社区拟增设一中医馆。该馆与周围院落局部高差处需设楼梯。现需要 BIM 土建工程师利用 BIM 技术为此梯段创建楼梯钢筋大样。要求梯段尺寸准确,钢筋排布按照施工图大样,同时遵守相关结构图集和规范要求。

知识目标

(1)熟悉利用结构样板进行结构楼梯项目模型的创建。
(2)掌握结构楼梯的创建与编辑方法。
(3)熟悉梯段板钢筋的创建与编辑。

技能目标

(1)能利用结构样板创建结构楼梯项目模型。
(2)能根据施工大样图完成结构楼梯模型的创建。
(3)能根据施工大样图完成梯段板钢筋模型的创建。

素质目标

(1)自主获取任务信息。
(2)培养分析及解决问题的主动性。
(3)养成耐心、细致的工作态度。

测评手段

(1)利用信息化平台记录学习过程、提交练习成果。
(2)观察学习过程,结合成果的提交,进行综合评价。

任务实施一

设计说明:混凝土强度等级为 C30;梯段宽 3 600 mm。

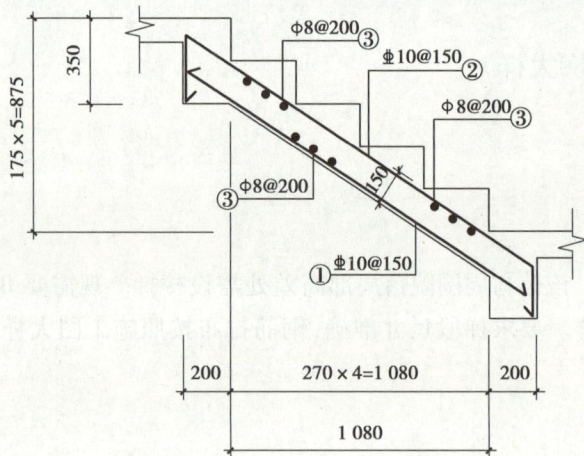

图 3-2-2.1　楼梯大样图

图 3-2-2.2　楼梯三维视图

图 3-2-2.3　楼梯侧视图

步骤 1：结构楼梯识图与基础知识。

识读如图 3-2-2.1—图 3-2-2.3 所示的大样图，结合本任务的"相关知识与技能"，完成以下习题：

①本梯段踏步的宽、高分别是(　　　)。

A. 宽 270 mm，高 175 mm　　　　　　B. 宽 175 mm，高 270 mm

②下列说法正确的是(　　　)。

A. 此楼梯梯段的高度为 875 mm　　　　B. 此楼梯梯段的高度为 900 mm

③本梯段的厚度为(　　　)。

A. 350 mm　　　　　　　　　　　　B. 150 mm

④梯梁的截面为(　　　)。

A. 矩形梁，宽 b 为 200 mm，高 h 为 875 mm

B. 矩形梁，宽 b 为 200 mm，高 h 为 350 mm

⑤本任务完成楼梯梯板创建后，进入三维视图，只看见梯梁。若要显示楼梯，需(　　　)。

A. 按快捷键"VV"弹出"三维视图：(三维)的可见性/图形替换"对话框，勾选"模型类别"→"楼梯"

B. 在三维视图中绘制楼梯

步骤 2：创建结构楼梯大样。

根据楼梯大样图信息，创建一个结构楼梯模型。要求按照大样图完成一个楼梯的混凝土梯段模型的创建(包括楼梯的梯梁)，以"结构梯段"为文件名保存(文件后缀名为".rvt")。参见《BIM 建模实务——技能点手册》JG-2-2.1。

在线练习

梯段模型创建

任务实施二

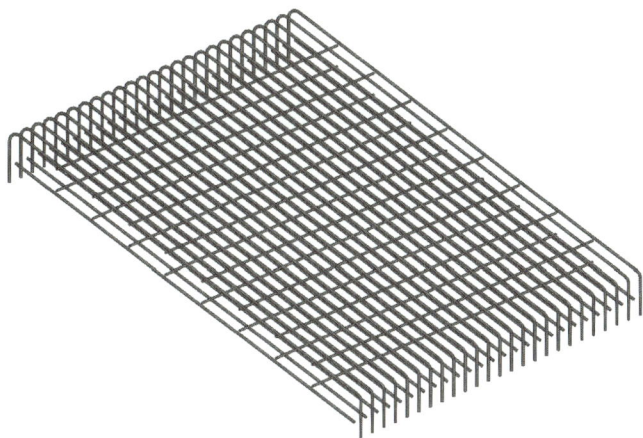

图 3-2-2.4　梯段钢筋三维视图

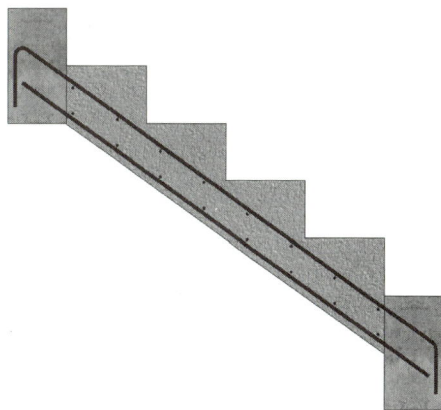

图 3-2-2.5　梯段剖视图

根据给定的具体要求(图 3-2-2.4、图 3-2-2.5)进行钢筋模型创建。说明：梯段板保护层 20 mm；钢筋锚入梯梁按最外侧钢筋(板面受力筋)距梁边 25 mm、内侧钢筋(板底受力筋)距梁边 50 mm 绘制。

步骤 3：楼梯钢筋识图与基础知识。

识读大样图，结合本任务的"相关知识与技能"，完成单选题：

①该梯段的板面受力钢筋为(　　　)。

A. 直径为 10 mm、间距为 150 mm 的Ⅲ级钢筋(HRB400 级钢筋)

B. 直径为 8 mm、间距为 200 mm 的Ⅰ级钢筋(HPB300 级钢筋)

②该梯段的板底分布钢筋为(　　　)。

A. 直径为 10 mm、间距为 150 mm 的Ⅲ级钢筋(HRB400 级钢筋)

B. 直径为 8 mm、间距为 200 mm 的Ⅰ级钢筋(HPB300 级钢筋)

③本任务中，给梯段添加钢筋模型，下列说法正确的是(　　　)。

A. 可在立面视图中添加钢筋　　　　　　　B. 应在剖面视图中添加钢筋

④下列快捷键说法正确的是(　　　)。

A. 临时隐藏图元 VV　　　　　　　　　　　B. 临时隐藏图元 HH

⑤在 Revit 中，在给梯段构件添加钢筋时，按住 Shift 键，(　　　)。

A. 能将钢筋方向锁定到面

B. 能将钢筋方向改为垂直到保护层

在线练习

步骤 4：创建钢筋大样。

结合前文提供的信息，在已创建的"结构梯段.rvt"文件中，先完成梯段的钢筋设置，再按照大样图进行布置，以"结构楼梯大样"为文件名保存(文件后缀名为".rvt")。参见《BIM 建模实务——技能点手册》G-2-2.2。

步骤 5：成果提交。

钢筋创建

📊 评价反馈

各类评价反馈表，见表 3-2-2.1—表 3-2-2.3。

表 3-2-2.1　知识技能评分标准（参考）

序号	评价项	评分	备注（适用自评、互评、师评）
1	结构模型文件格式及命名正确	□0　□2.5	满分 2.5 分
2	正确设置梯段高度及起止位置	□0　□2.5	满分 2.5 分
3	梯段宽厚及样式、踏步高宽及样式、标号、视图可见性设置正确		满分 20 分；错 1 处扣 2.5 分
4	梯梁截面及布置、标号正确		满分 10 分；错 1 处扣 2.5 分
5	钢筋的材质、规格、样式、布置、保护层、视图可见性设置正确		满分 40 分；错 1 处扣 2.5 分
	小计		满分 75 分

表 3-2-2.2　职业素养评分标准（参考）

序号	评价项	评分	备注（适用自评、互评、师评）
1	具备自主学习的能力；积极分析及思考		满分 15 分
2	耐心、细致、严谨的工作态度		满分 10 分
	小计		满分 25 分

表 3-2-2.3　任务评价与反馈（参考）

序号	评价项	评分	备注（适用自评、互评、师评）
1	知识与技能的掌握		见表 3-2-2.1
2	职业素养的树立		见表 3-2-2.2
	小计		满分 100 分

◔ 总结归纳

　　根据本任务的完成情况，进行相关知识与技能点的回顾；总结重、难点；梳理工作流程；归纳工作方法，记录自我感受。

_____

_____

_____

_____

_____

_____

易错点

根据个人任务完成情况,完成易错、易漏点汇总,以备后续加强练习。

_____

_____

_____

_____

_____

相关知识与技能

点 1:视图的可见性。

"视图范围":每个平面视图都有一个名为"视图范围"的属性,该属性也称为"可见范围"。可以自定义平面图的视图范围,且每一个视图的视图范围都是独立设置的。在属性面板中打开视图范围,如图 3-2-2.6 所示。视图范围包括主要范围和视图深度两个部分。

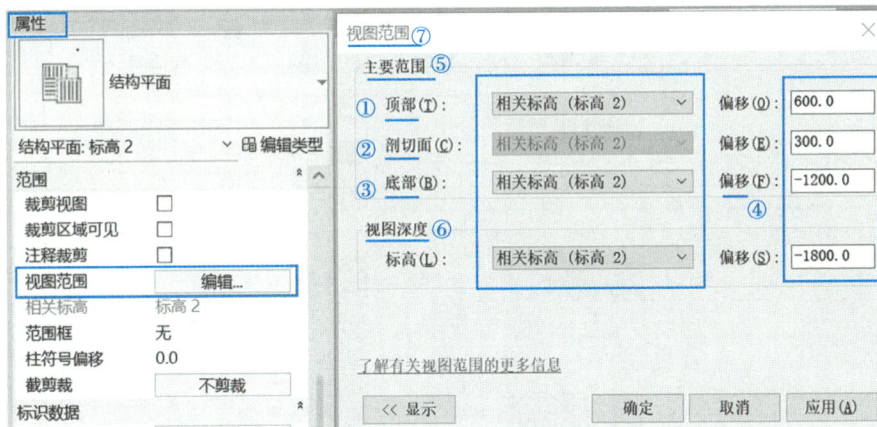

图 3-2-2.6　视图范围的设置

(1)主要范围

定义视图范围的水平平面为"俯视图""剖切平面"和"仰视图"。顶剪裁平面和底剪裁平面表示视图范围的最顶部和最底部的部分。剖切面是一个平面,用于确定特定图元在视图中显示为剖面时的高度。这 3 个平面定义视图范围的主要范围。

(2)视图深度

视图深度是主要范围之外的附加平面。更改视图深度,以显示底部剪裁平面下方的图元。默认情况下,视图深度与底剪裁平面重合。如图 3-2-2.7 所示的立面图显示平面视图的视图范围⑦:顶部①、剖切面②、底部③、偏移(从底部)④、主要范围⑤和视图深度⑥。

视图范围设置规则:"顶部"的数值必须大于等于"剖切面"的数值;"视图深度"的数值必须小于等于"底部"的数值。

"可见性和图形显示":绝大多数可见性和图形显示的替换是在"可见性/图形替换"对话框中进行的。从"可见性/图形替换"对话框中,可以查看已应用于某个类别的替换。如果已经替换了某个类别的图形显示,单元格会显示图形预览。如果没有对任何类别进行替换,单元格将显示为空白,图元则按照"对象样式"对话框中的指定显示,如图 3-2-2.8 所示。

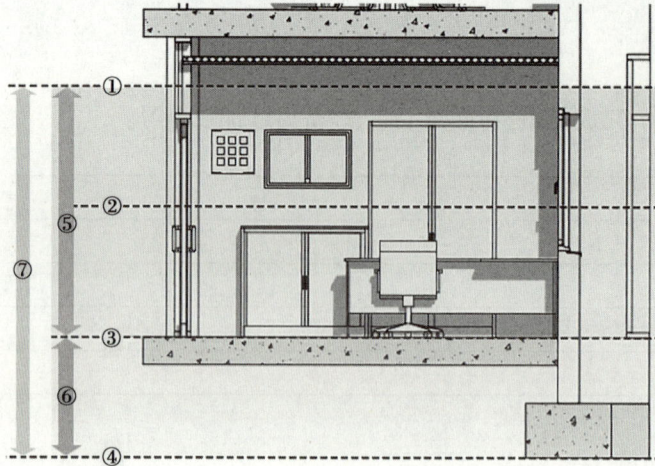

图 3-2-2.7　视图范围样例

图 3-2-2.8　视图的可见性/图形替换

点 2：在视图中隐藏图元。

（1）隐藏图元

选中要隐藏的图元，单击"修改│<图元>"选项卡中的下拉菜单：隐藏图元、隐藏类别或按过滤器隐藏；或用鼠标右键单击图元，再单击"在视图中隐藏"选项卡中的"图元""类别"或"按过滤器"，如图 3-2-2.9、图 3-2-2.10 所示。

图 3-2-2.9　隐藏的下拉菜单

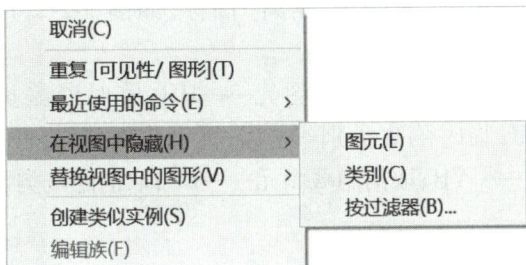

图 3-2-2.10　隐藏的右键菜单

（2）显示和取消隐藏已隐藏的图元

在视图控制栏上，单击"显示隐藏的图元"。此时，"显示隐藏的图元"图标和绘图区域将显示一个彩色边框，处于"显示隐藏的图元"模式下，所有隐藏的图元都以彩色显示，而可见图元则显示为半色调，如图3-2-2.11 所示。在视图控制栏上，再次单击"显示隐藏的图元"图标将退出"显示隐藏的图元"模式。

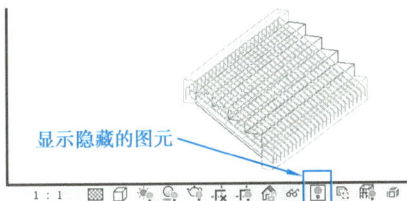

图 3-2-2.11　显示隐藏的图元

若要取消某图元的隐藏，需在"显示隐藏的图元"模式下，先选择该图元，再单击"修改｜<图元>"选项卡中的"取消隐藏图元""取消隐藏类别"；或用鼠标右键单击图元，再单击"在视图中取消隐藏"选项卡中的"图元"或"类别"，如图 3-2-2.12、图 3-2-2.13 所示。

图 3-2-2.12　取消隐藏

图 3-2-2.13　取消隐藏的右键菜单

注意：此步骤仅显示使用可见性和图形控件及过滤器隐藏起来的图元。

（3）临时隐藏/隔离图元或图元类别

"隐藏"工具会在视图中隐藏选定图元，"隔离"工具会在视图中显示选定图元并隐藏所有其他图元。该工具只会影响绘图区域中的活动视图。当关闭项目时，除非该修改是永久性修改，否则图元的可见性将恢复到其初始状态。"临时隐藏/隔离"也不影响打印。

首先，选择一个或多个图元；在视图控制栏上，单击"临时隐藏/隔离"选项卡中的"隔离类别""隐藏类别""隔离图元""隐藏图元"，当临时隐藏图元或图元类别时，将显示带有边框的"临时隐藏/隔离"图标，如图 3-2-2.14 所示。

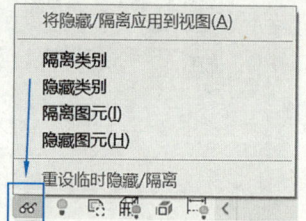

注意：几个常用的相关快捷键，即临时隐藏图元——HH；临时隐藏类别——HC；临时隔离图元——HI；临时隔离类别——IC；重设临时隐藏——HR；隐藏图元——EH；隐藏类别——VH；取消隐藏图元——EU；取消隐藏类别——VU。

图 3-2-2.14　临时隐藏/隔离

点 3：选择设置与过滤器。

在"视图"标题栏中，单击"修改"小三角形可对选择进行设置，如图 3-2-2.15 所示。

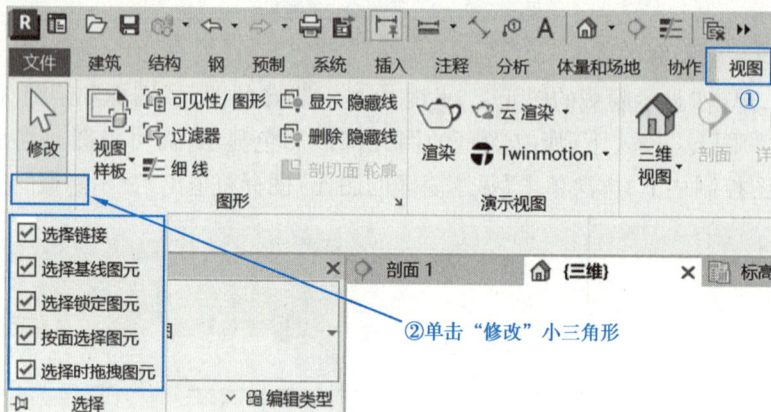

图 3-2-2.15　选择下拉菜单

过滤器：选中多个图元，在"修改｜选择多个"选项卡中，单击"过滤器"可对选择进行设置，如图 3-2-2.16 所示。

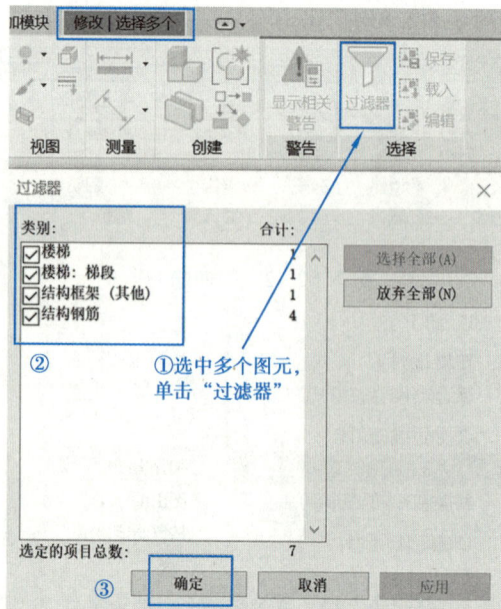

图 3-2-2.16　过滤器

点 4：绘制楼梯钢筋的一般步骤。

首先，选中楼梯进行钢筋保护层设置（可通过属性对话框设置，也可利用"结构"标题栏中的"保护层"进行指定）。

其次，进入楼梯平面视图，单击"视图"标题栏中的"剖面"进行剖面视图创建（剖面模式下才可放置梯段钢筋）。

最后，进入剖面视图，单击"结构"标题栏中的"钢筋"，随后进行钢筋形式、材质、规格等设置，在操作区进行编辑与绘制（此时按住"Shift"键可将钢筋方向锁定到面）；按"Esc"键退出命令，完成楼梯钢筋的创建。

创新应用篇

学习目标

(1) 掌握对模型进行标记、标注及注释的方法；

(2) 能利用 BIM 模型进行相关数据表格和图纸的输出；

(3) 会应用模型完成渲染图、漫游动画等；

(4) 能灵活利用建模完成特定工作任务，初步具备一定的综合应用能力。

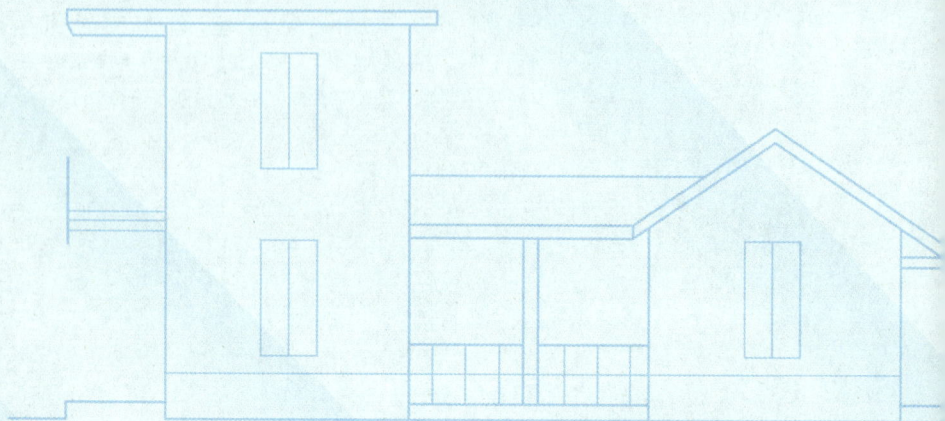

项目一 　模型成果输出

任务一　创建明细表

电子资料

任务描述

在新农村社区办公楼平面门窗创建完成后，需要对门窗构件进行统计，汇总明细表，统计工程量，帮助业主全面了解和掌握造价成本，进而为项目策划和决策提供依据。

知识目标

（1）掌握常用门窗统计表的包含内容。
（2）熟悉门窗统计表在建筑工程中的作用。

技能目标

（1）熟练添加门窗统计表的包含项。
（2）掌握门窗统计表的基本设置方法。

素质目标

（1）自主识图，了解门窗统计内容的基本意义。
（2）自觉、严谨地按图实施创建门窗明细表的操作。

测评手段

（1）通过信息化手段收集任务成果，开展学生自评、互评，教师点评。
（2）通过课前、课中、课后与学生交流，观察学生课堂表现，根据在任务中体现的思政素养，运用信息化技术手段，全方位、全过程记录学生的过程性成绩。

▷ **任务实施一**

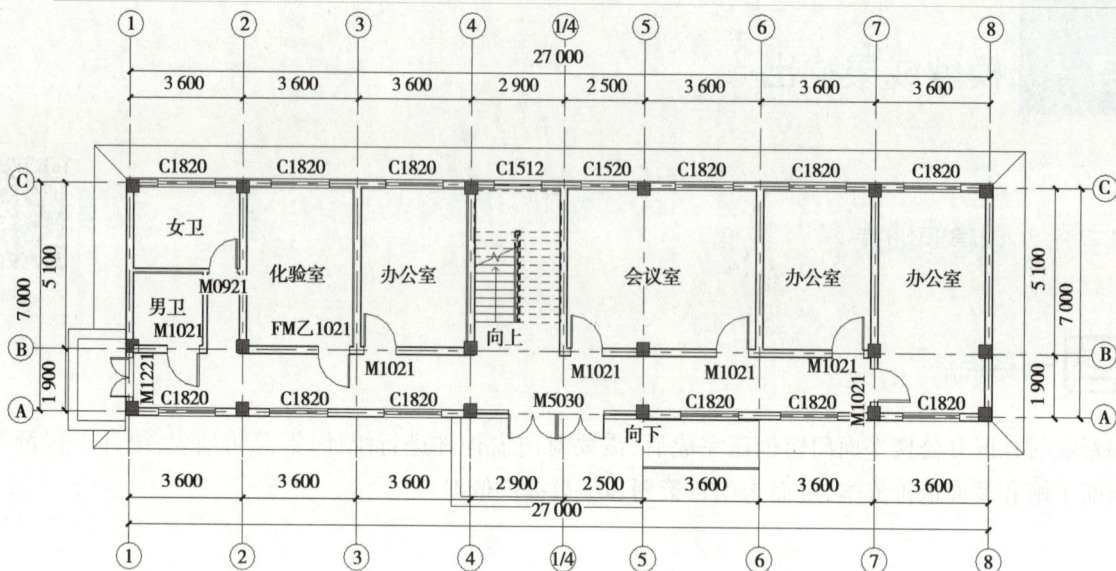

图 4-1-1.1　门窗绘制完成的模型

门明细表				
类型	宽度	高度	标高	合计
FM乙1021	1 000	2 100	F1−±0.000	1
FM乙1021	1 000	2 100	F2−3.600	1
M0921	900	2 100	F1−±0.000	1
M0921	900	2 100	F2−3.600	1
M1021	1 000	2 100	F1−±0.000	6
M1021	1 000	2 100	F2−3.600	5
M1221	1 200	2 100	F1−±0.000	1
M5030	5 000	3 000	F1−±0.000	1

总计：17

窗明细表				
类型	宽度	高度	标高	合计
C0920	900	2 000	F2−3.600	1
C1512	1 500	1 200	F1−±0.000	1
C1512	1 500	1 200	F2−3.600	1
C1520	1 500	2 000	F1−±0.000	1
C1520	1 500	2 000	F2−3.600	1
C1820	1 800	2 000	F1−±0.000	12
C1820	1 800	2 000	F2−3.600	12
C5020	5 000	2 000	F2−3.600	1

总计：30

图 4-1-1.2　生成门窗明细表

步骤 1：门窗明细表知识题。

在给定的模型成果（图 4-1-1.1）中，按照参考样式（图 4-1-1.2）进行门窗明细表的创建。结合任务描述中的要求以及本任务中的"相关知识与技能"，思考创建门窗明细表的方法，完成以下习题：

①下列不属于门窗明细表要统计的内容是（　　　）。

A.门窗类型　　　　　　　　B.门窗价格

②创建 Revit 门窗明细表，首先要（　　　）。

A.创建表格　　　　　　B.在 Revit 软件中创建门窗元素　　　C.新建项目

③创建和管理 Revit 门窗明细表的作用不包括（　　　）。

A.方便工程师进行门窗统计　　　B.测算成本　　　　　　　C.美观

④（多选题）相比传统的手工编制门窗明细表，使用 Revit 软件创建门窗明细表的优势有（　　　）。

A.高效准确　　　　　　　　B.信息关联

C.样式和布局　　　　　　　D.数据导出

⑤门窗明细表可以表示不同楼层的门窗。（　　　）

A.正确　　　　　　　　　　B.错误

⑥门窗明细表可以统计洞口尺寸，如宽度和高度。（　　　）

在线练习

A. 正确　　　　　　　　　　　　B. 错误

⑦门窗明细表可以统计洞口面积。（　　）

A. 正确　　　　　　　　　　　　B. 错误

⑧门窗洞口的面积计算式为（　　）。

A. 宽度×高度　　　　　　　　　B. 宽度×长度

⑨可以使用 Revit 提供的过滤器功能来筛选特定类型的门窗，以满足不同需求。（　　）

A. 正确　　　　　　　　　　　　B. 错误

⑩门窗明细表生成后，修改模型中的门窗后需要再次修改明细表。（　　）

A. 正确　　　　　　　　　　　　B. 错误

步骤 2：创建门窗明细表。

打开给定的模型成果（图 4-1-1.1），按照参考样式中的门窗明细表，添加需要统计的门窗元素，要求包含内容与图中一致，并以"门窗明细表"为文件名保存（文件后缀名为".rvt"），参见《BIM 建模实务——技能点手册》YY-1-1.1。

创建门窗明细表

▶ **任务实施二**

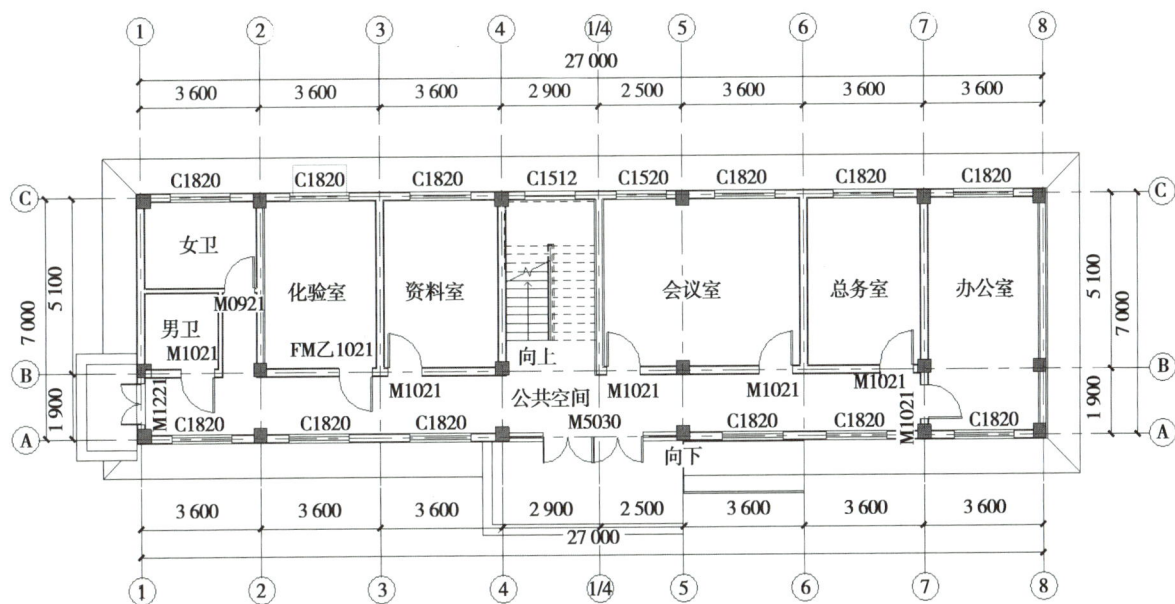

图 4-1-1.3　房间标注完成的模型

房间明细表			
名称	标高	面积/m²	合计
女卫	F1-±0.000	8.24	1
化验室	F1-±0.000	16.14	1
资料室	F1-±0.000	16.14	1
总务室	F1-±0.000	16.14	1
办公室	F1-±0.000	22.33	1
会议室	F1-±0.000	28.13	1

续表

房间明细表			
名称	标高	面积/m²	合计
男卫	F1-±0.000	4.77	1
公共空间	F1-±0.000	53.57	1
女卫	F2-3.600	8.28	1
男卫	F2-3.600	4.80	1
化验室	F2-3.600	16.17	1
资料室	F2-3.600	16.17	1
会议室	F2-3.600	28.27	1
经理室	F2-3.600	16.17	1
办公室	F2-3.600	22.51	1
公共空间	F2-3.600	53.87	1

总计:16　　　　　　　　　　　　　　331.69

图 4-1-1.4　生成房间明细表

步骤 3:房间明细表元素信息知识题。

在给定的模型成果(图 4-1-1.3)中,按照参考样式(图 4-1-1.4)进行房间明细表的创建。结合任务描述中的要求以及本任务中的"相关知识与技能",思考创建房间明细表的方法,完成以下习题:

①在生成房间明细表之前需要对各房间进行命名。(　　　)

A.正确　　　　　　　　　　　　　B.错误

②生成房间明细表之前可直接单击注释中的文字进行房间命名。(　　　)

A.正确　　　　　　　　　　　　　B.错误

③房间明细表的属性包括字段、过滤器、排序、格式、外观、内嵌明细表等。(　　　)

A.正确　　　　　　　　　　　　　B.错误

④房间明细表统计出的面积为各房间的(　　　)。

A.建筑面积　　　　　　　　　　　B.使用面积

⑤房间明细表生成后,如果后期修改模型从而改变了房间大小,房间明细表需要重新生成或更新。(　　　)

A.正确　　　　　　　　　　　　　B.错误

步骤 4:创建房间明细表。

将"门窗明细表.rvt"文件按照参考样式中房间明细表属性进行修改,将成果文件应用到图纸"房间明细表"中,并以"房间明细表"为文件名保存(文件后缀名为".rvt"),参见《BIM 建模实务——技能点手册》YY-1-1.2。

步骤 5:成果提交。

在线练习

创建房间明细表

评价反馈

各类评价反馈表,见表4-1-1.1—表4-1-1.3。

表 4-1-1.1 知识技能评分标准（参考）

序号	评价项	评分	备注（适用自评、互评、师评）
1	门窗包含元素命名正确		满分 10 分；错 1 处扣 2 分
2	创建门窗明细表的图纸名称正确		满分 5 分
3	过滤器属性设置正确		满分 10 分
4	门窗元素排序方式正确		满分 10 分
5	门窗设置统计总数正确		满分 10 分
6	门窗统计总数个数正确		满分 5 分
7	创建明细表面积元素正确		满分 10 分
8	面积计算公式正确		满分 5 分
9	门窗明细表成果应用正确		满分 5 分
	小计		满分 70 分

表 4-1-1.2 职业素养评分标准（参考）

序号	评价项	评分	备注（适用自评、互评、师评）
1	具备自主学习的能力		满分 15 分
2	自觉严谨地按图实施创建门窗明细表操作		满分 15 分
	小计		满分 30 分

表 4-1-1.3 任务评价与反馈（参考）

序号	评价项	评分	备注（适用自评、互评、师评）
1	知识+技能		见表 4-1-1.1
2	职业素养的树立		见表 4-1-1.2
	小计		满分 100 分

总结归纳

根据本次任务的完成情况，进行相关知识与技能点的回顾；总结重、难点；梳理工作流程；归纳工作方法；记录自我感受。

_____

_____

_____

_____

_____

⊞ 易错点

根据个人任务完成情况,完成易错、易漏点汇总,以备后续加强练习。

_____

_____

_____

_____

_____

A/B 相关知识与技能

点1:Revit 门窗明细表的作用。

门窗明细表是 Revit 软件中的一个重要功能,它可以帮助用户快速且准确地生成门窗的详细信息。
Revit 门窗明细表可以包含以下重要信息:

①门窗类型:明细表可以列出每个门窗的类型,如单开门、推拉门、平开窗等。

②尺寸:明细表可以显示每个门窗的宽度、高度和深度。

③材料:明细表可以指定每个门窗所使用的材料,如铝合金框架、双层玻璃等。

④开启方式:明细表可以描述门窗的开启方式,如推拉、旋转等。

⑤安装细节:明细表可以提供每个门窗的安装细节,包括所需的附件、固定方式和安装位置。

点2:Revit 明细表的优势。

相比传统的手工编制明细表,使用 Revit 软件创建明细表具有以下几个优势:

①高效准确:使用 Revit 软件可以快速准确地生成明细表,避免手动编制的烦琐和容易出错的问题。

②信息关联:Revit 软件中的元素与明细表之间存在关联,当元素发生变化时,明细表可以自动更新,保持信息的一致性。

③样式和布局:通过 Revit 软件的样式和布局功能,可以根据需要自定义明细表的样式,使其更加美观和易读。

④数据导出:使用 Revit 软件提供的导出功能,可以将明细表导出为 Excel 文件,方便与其他项目管理工具进行数据共享和协作。

⑤信息可视化:通过 Revit 软件的可视化功能,可以将明细表与建筑模型关联,直观地显示构件的位置和布局。

点3:明细表中,如何计算统计门窗洞口面积?

①进入门明细表视图,单击"字段编辑"→"添加字段参数",如图4-1-1.5所示。

②添加名称为"洞口面积",类型为"面积",公式为"宽度×高度",再单击"确定",如图4-1-1.6所示。

③单击"格式"选项,找到"洞口面积"并左键单击选中,再单击"字段格式"后在弹出的对话框中取消勾选"使用项目设置"将"单位舍入"修改成"2个小数位",最后单击"确定",如图4-1-1.7所示。

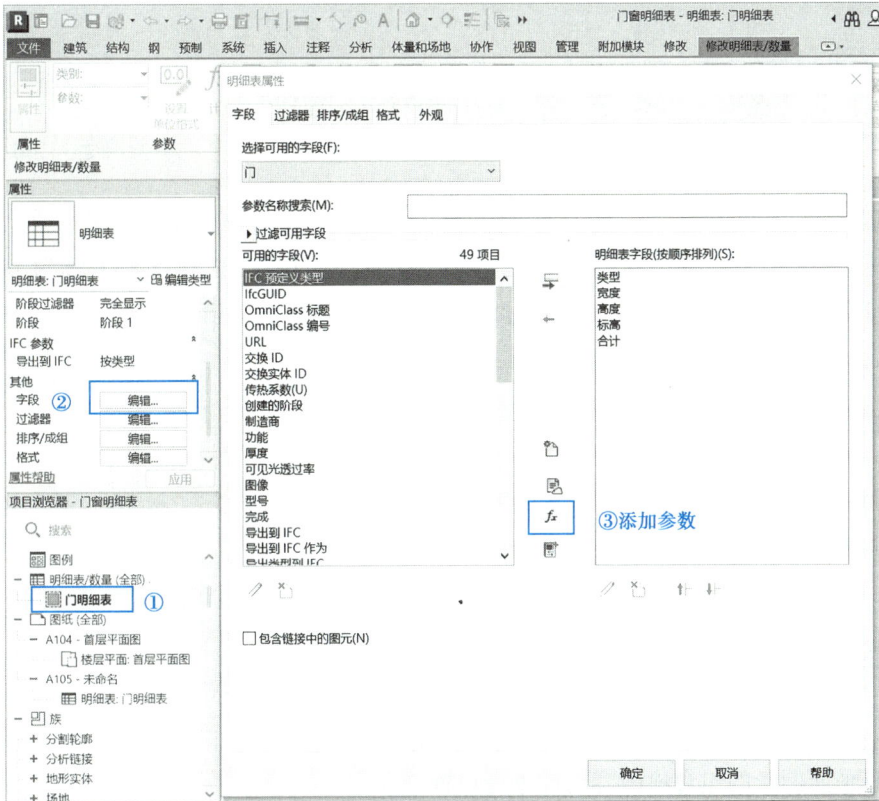

图 4-1-1.5　添加字段参数

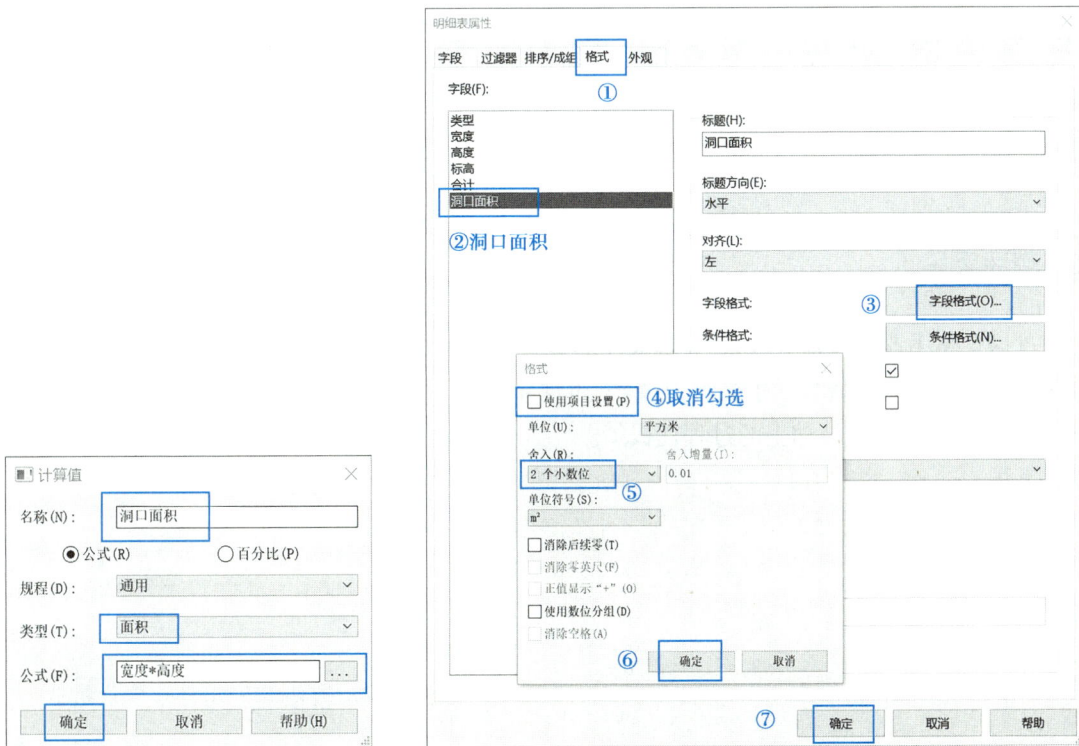

图 4-1-1.6　添加新字段

图 4-1-1.7　调整参数

任务二　平面出图

电子资料

任务描述

在某新农村社区办公楼信息模型搭建完成后,为了反映房屋的平面形状、大小和布置,墙、柱的位置、尺寸和材料,门窗的类型和位置等,同时也为其他专业和工程人员提供图纸信息,需创建项目平面图纸。

知识目标

(1)掌握平面图纸的包含内容信息。
(2)掌握平面图纸各项信息属性的设置方法。

技能目标

(1)能熟练生成项目所需的平面图框并对图框进行编辑。
(2)能熟练对平面图纸的包含项内容属性进行设置。

素质目标

(1)自主识图,了解平面各项内容的基本意义。
(2)自觉严谨地按照规范进行平面设置。

测评手段

(1)通过信息化手段收取任务成果,开展学生自评、互评,教师点评。
(2)通过课前、课中、课后与学生交流,观察学生课堂表现,根据在任务中体现的思政素养,运用信息化技术手段,全方位、全过程记录学生的过程性成绩。

▶ **任务实施一**

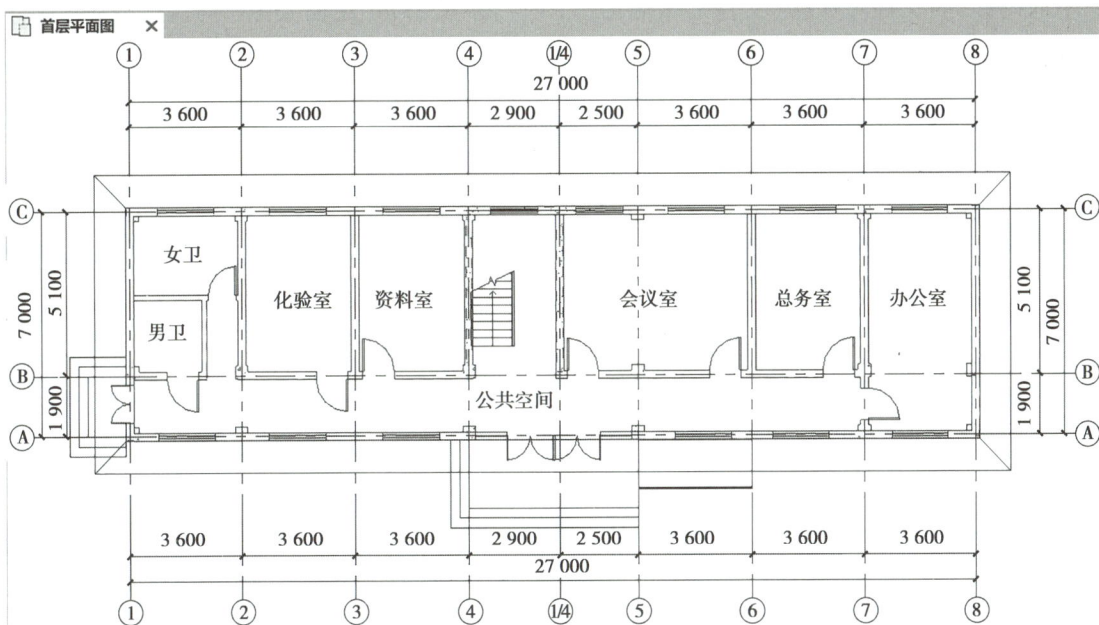

图 4-1-2.1　创建完成的模型

步骤 1：平面图知识题。

在给定的模型成果（图 4-1-2.1）中，按照参考样式（图 4-1-2.2）进行平面出图设置。结合任务描述中的要求以及本任务中的"相关知识与技能"，思考平面图的知识，完成以下习题：

①建筑平面图，又可简称为平面图，是将新建建筑物或构筑物的墙、门窗、楼梯、地面及内部功能布局等建筑情况，以水平投影方法和相应的图例所组成的图纸。（　　）

A. 正确　　　　　　　　　　B. 错误

②一层平面图又称（　　）。

A. 标准层平面图　　　　　B. 首层平面图　　　　　C. 地下层平面图

③多层建筑通常存在许多相同或相近平面布置形式的楼层，因此在实际绘图时，可将这些相同或相近的楼层合用一张平面图来表示。这张合用图，称为（　　）。

A. 标准层平面图　　　　　B. 首层平面图　　　　　C. 地下层平面图

④房屋最高层的平面布置图称为（　　）。

A. 标准层平面图　　　　　B. 首层平面图　　　　　C. 顶层平面图

⑤下列不属于平面图表达的内容是（　　）。

A. 标注　　　　　　　　　　B. 房间名称　　　　　　C. 门窗大样图

步骤 2：平面图出图设置。

对首层平面图进行出图设置，要求如下：

①视觉样式为隐藏线模式。

②柱填充为实体灰色（RGB：128，128，128）。

③墙体填充为上对角线紫色（RGB：255，0，255），墙体边线颜色为黄色（RGB：255，255，0）。

④首层楼梯及楼梯栏杆仅显示到 1.5 m 位置。

⑤门窗平面显示符号正确，且门窗平面符号颜色均为青色（RGB：0，255，255），且门下不显示多余线条。

⑥轴网中段颜色为红色轴网线、轴网末端颜色和轴头圆圈均为绿色（RGB：0，255，0）实线。

⑦所有房间均有正确名称标记。

⑧四周轴网间两道尺寸标注，尺寸标注颜色为绿色（RGB：0，255，0）。

⑨对门窗进行标注并调整标注使标注与门窗图元不碰撞，标注方向需与门窗方向一致。最后以"平面设置"为文件名保存（文件后缀名为".rvt"），参见《BIM 建模实务——技能点手册》YY-1-2.1。

平面出图设置

▶️ 任务实施二

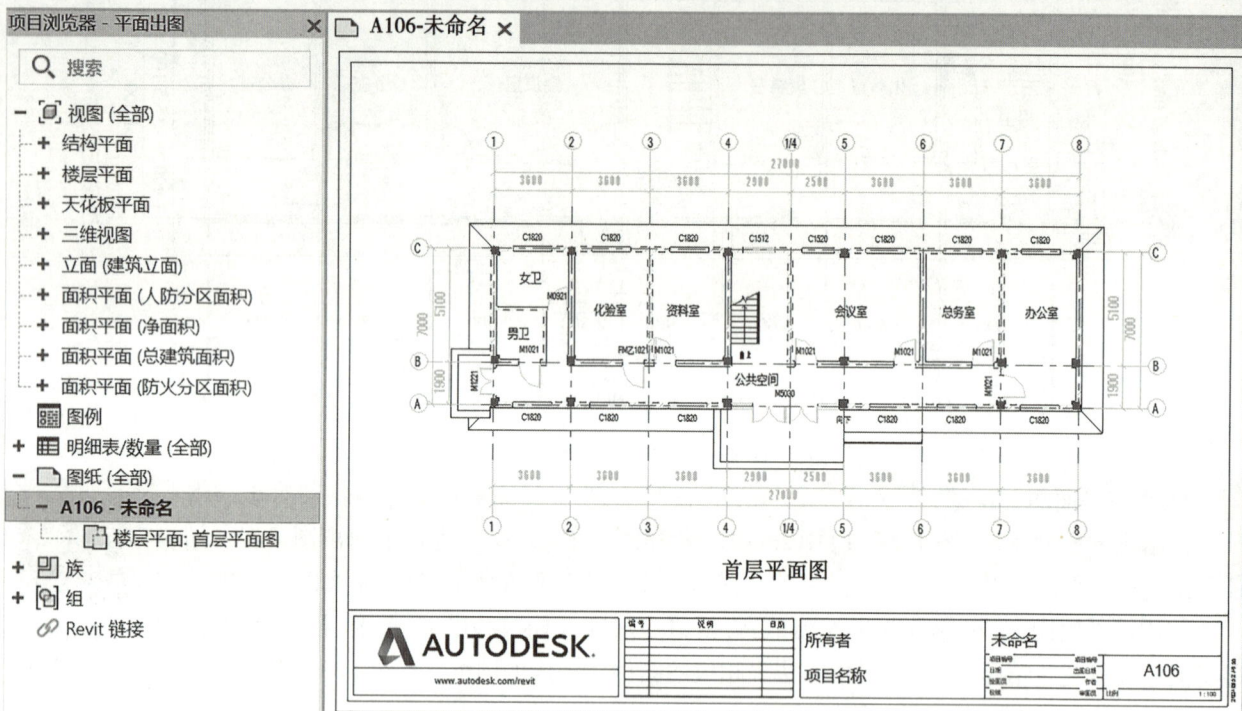

图 4-1-2.2　项目出图

步骤 3：平面图信息设置知识题。

按照参考样式（图 4-1-2.2）进行平面出图，同时按照显示效果调整相关参数。结合任务描述中的要求以及本任务中的"相关知识与技能"，思考平面图的调整方法，完成以下习题：

①施工平面图中，视觉样式一般为（　　）。

A.隐藏线模式　　　　　　　　B.真实模式

②平面图中不显示任何装饰层。（　　）

A.正确　　　　　　　　　　　B.错误

③平面图标注中，一般标注建筑的上、下侧两个面即可。（　　）

A.正确　　　　　　　　　　　B.错误

④在平面图中，若有绘制的高窗不显示，可以通过（　　）进行显示。

A.调整视图可见范围　　　　　B.重新选择窗户绘制

⑤有不需要输出的图元构件，可以使用（　　）。

A.临时隐藏　　　　　　　　　B.右键→隐藏图元

在线练习

平面出图

步骤 4：完成平面出图。

打开"平面设置.rvt"文件，完成项目出图：将首层平面图（图 4-1-2.2）放置到 A3 图框中，并设置首层平面图的图名为首层平面图，且视图中不显示立面符号，并以"平面出图"为文件名保存（文件后缀名为

".rvt")，参见《BIM 建模实务——技能点手册》YY-1-2.2。

步骤5：成果提交。

评价反馈

各类评价反馈表，见表4-1-2.1—表4-1-2.3。

表 4-1-2.1　知识技能评分标准（参考）

序号	评价项	评分	备注（适用自评、互评、师评）
1	平面图中的房间命名正确		满分 10 分；错 1 处扣 2 分
2	创建平面图纸的名称正确		满分 5 分
3	视觉样式为隐藏线模式设置正确		满分 10 分
4	平面图中不显示任何装饰层正确		满分 10 分
5	柱填充为实体灰色		满分 10 分
6	墙体填充为上对角线紫色		满分 5 分
7	墙体边线颜色为黄色		满分 5 分
8	轴网显示样式、颜色正确		满分 5 分
9	四周轴网间两道尺寸标注正确		满分 10 分
	小计		满分 70 分

表 4-1-2.2　职业素养评分标准（参考）

序号	评价项	评分	备注（适用自评、互评、师评）
1	具备自主学习的能力		满分 15 分
2	自觉严谨地按图实施平面出图操作		满分 15 分
	小计		满分 30 分

表 4-1-2.3　任务评价与反馈（参考）

序号	评价项	评分	备注（适用自评、互评、师评）
1	知识+技能		见表 4-1-2.1
2	职业素养的树立		见表 4-1-2.2
	小计		满分 100 分

总结归纳

根据本任务的完成情况，进行相关知识与技能点的回顾；总结重、难点；梳理工作流程；归纳工作方法；记录自我感受。

⊠ 易错点

根据个人任务完成情况,完成易错、易漏点汇总,以备后续加强练习。

A/B 相关知识与技能

点 1:建筑平面图的意义。

建筑平面图作为建筑设计施工图纸中的重要组成部分,它反映了建筑物的功能需要、平面布局及其平面的构成关系,是决定建筑立面及内部结构的关键环节。它主要反映建筑的平面形状、大小、内部布局、地面、门窗的具体位置和占地面积等情况。因此,建筑平面图是施工及施工现场布置的重要依据,也是给排水、强弱电、暖通等专业工程平面图和管线综合图的绘制依据。

点 2:建筑平面图包含的内容。

①建筑物及其组成房间的名称、尺寸、定位轴线和墙厚等。

②走廊、楼梯位置及尺寸。

③门窗位置、尺寸及编号。门的代号是 M,窗的代号是 C。在代号后面写上编号,同一编号表示同一类型的门窗,如 M-1,C-1。

④台阶、阳台、雨篷、散水的位置及细部尺寸。

⑤室内地面的高度。

⑥首层地面上应画出剖面图的剖切位置线,以便与剖面图对照查阅。

⑦图名、文字说明等,以及其他需特定表达的内容。

点 3:如何区分不同墙体类型的显示样式,如:外墙墙线显示为红色,填充样式图形图案为实体,填充颜色为灰色;内墙墙线显示为白色,填充样式图形图案为对角线交叉填充 0.3 mm,填充颜色为紫色?

①单击"视图"→"可见性/图形"→"过滤器"→"编辑新建",如图 4-1-2.3 所示。

②单击"新建"创建一个"外墙"过滤器,如图 4-1-2.4 所示。

③在类别中勾选"墙",过滤器规则选择"注释","包含"→"外墙",如图 4-1-2.5 所示。

④用同样的方法创建一个"内墙"过滤器,如图 4-1-2.6 所示。

⑤单击"确定"后,进入"过滤器"对话框,单击"添加"将创建好的"外墙""内墙"过滤器添加到对话框中,如图 4-1-2.7 所示。

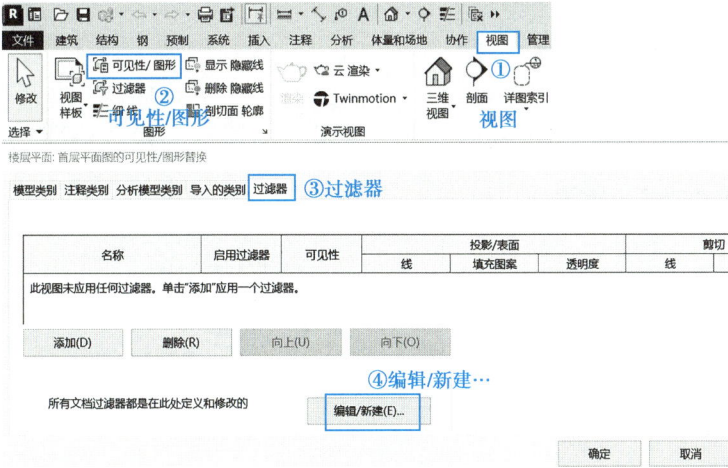

图 4-1-2.3　设置过滤器

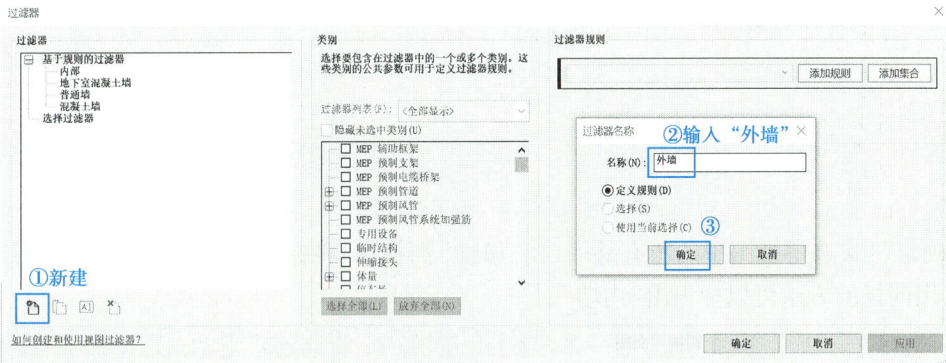

图 4-1-2.4　创建"外墙"过滤器

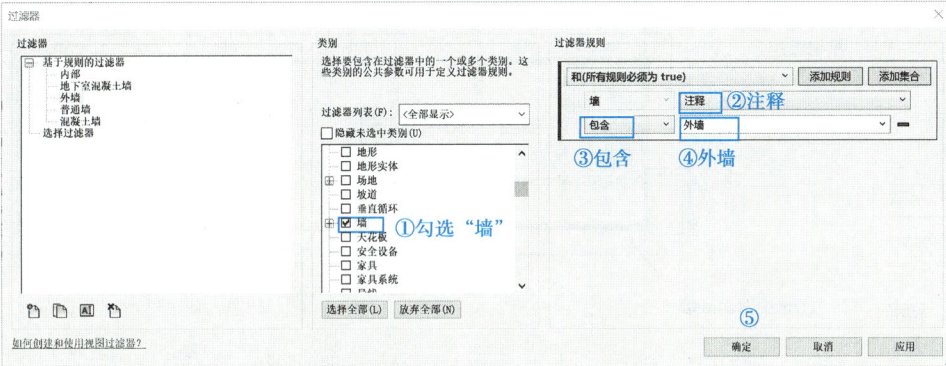

图 4-1-2.5　设置过滤器属性

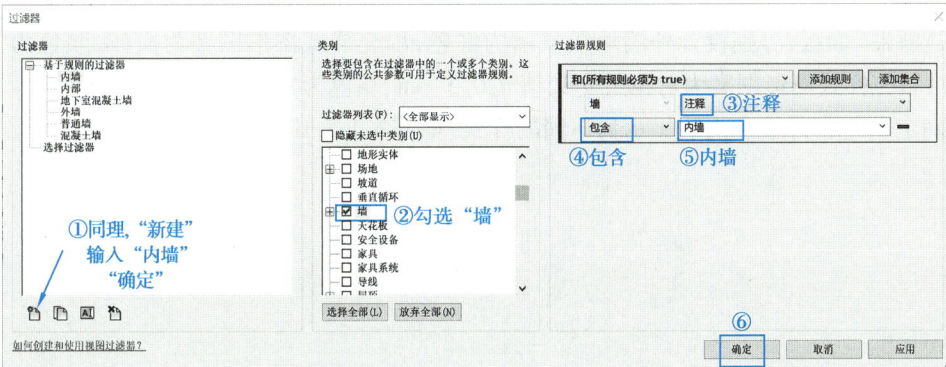

图 4-1-2.6　创建"内墙"过滤器

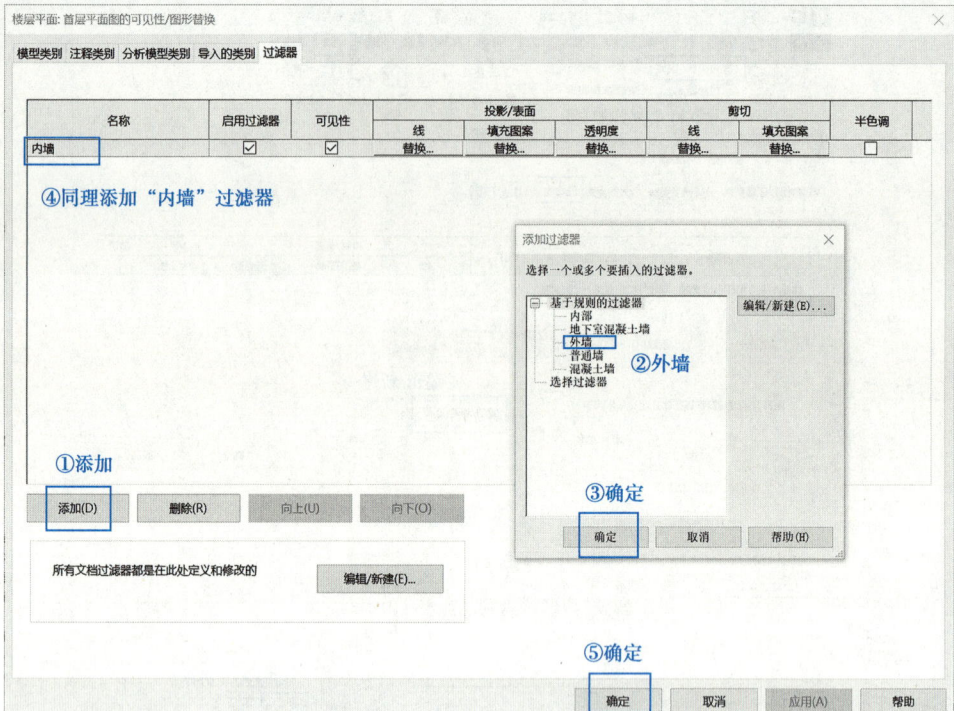

图 4-1-2.7　添加过滤器

⑥单击"确定"后，选中视图中的所有外墙，在"属性"面板中，将标识数据中的注释设置为"外墙"，如图 4-1-2.8 所示，用同样的方法可以标识出"内墙"。

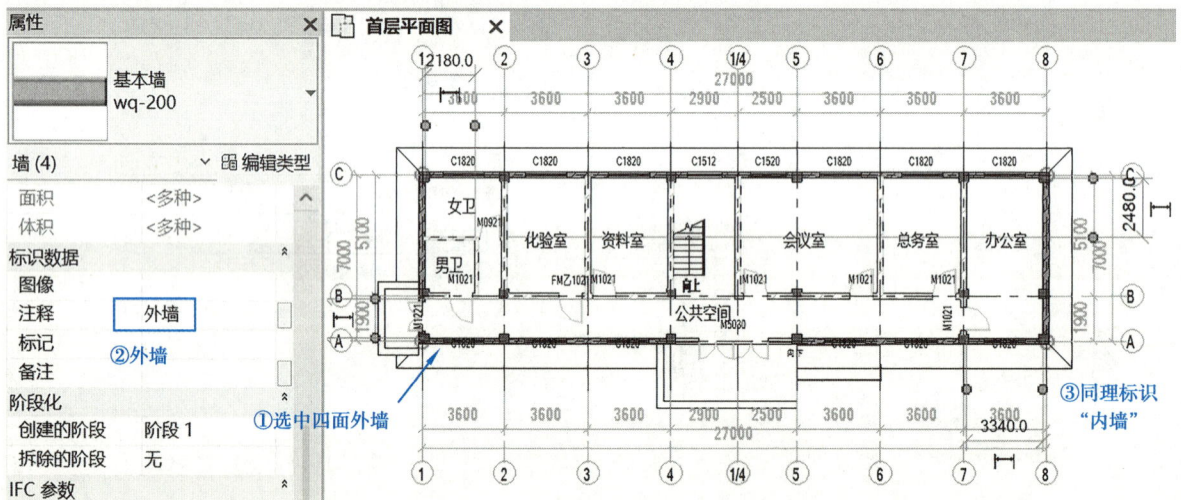

图 4-1-2.8　设置墙体属性

⑦回到"过滤器"面板，分别设置外墙墙线显示为红色，填充样式图形图案为实体、颜色为灰色；内墙墙线显示为白色，填充样式图形图案为对角线交叉填充 0.3 mm、颜色为紫色，如图 4-1-2.9 所示。

⑧单击"确定"，观察外墙和内墙显示为不同的样式，如图 4-1-2.10 所示。

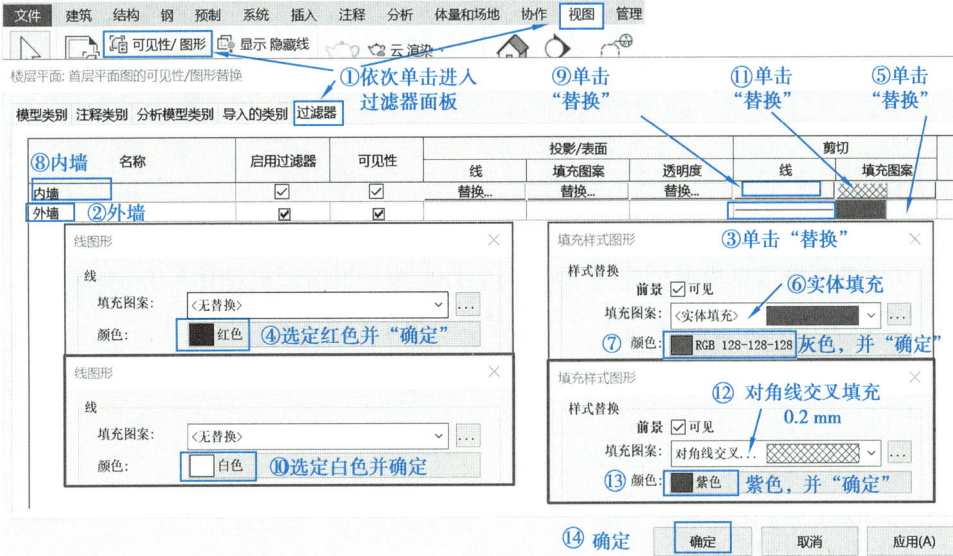

图 4-1-2.9　调整过滤器属性

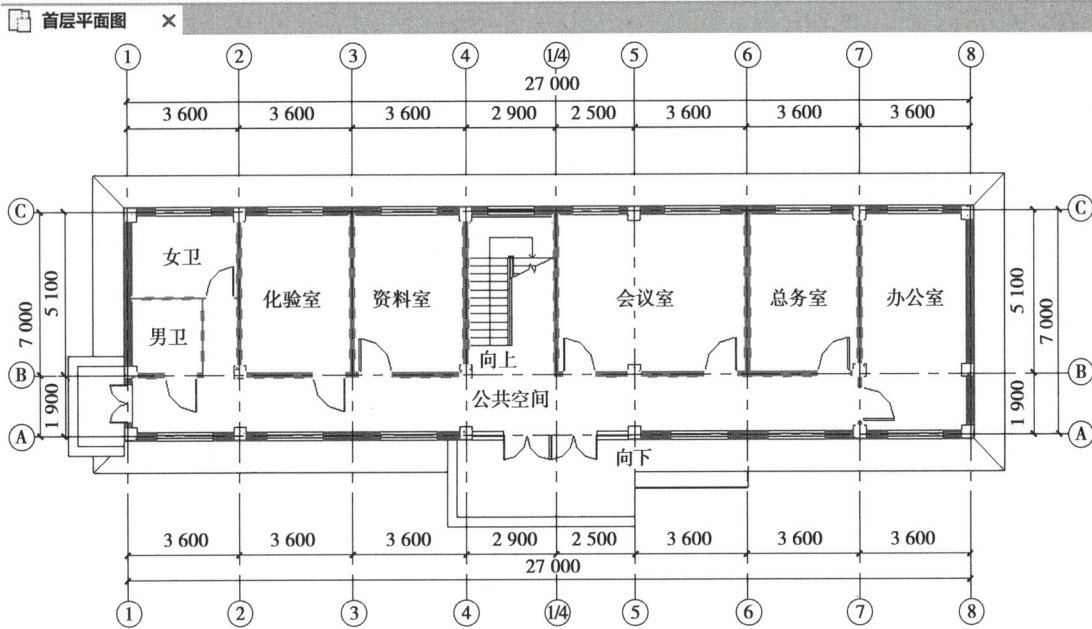

图 4-1-2.10　显示效果

任务三 渲染漫游

电子资料

任务描述

在某新农村社区办公楼信息模型搭建完成后，为了直观地反映房屋的整体形态、空间层次和材质、色彩等，同时也为项目汇报工作做好准备，需要对三维模型进行渲染和动画漫游的制作。

知识目标

（1）掌握形式美的基本内容。
（2）掌握渲染视图的构图原理。
（3）掌握动画漫游的制作方法。

技能目标

（1）能熟练应用形式美的基本原理进行视图创建。
（2）能熟练完成效果图的渲染和动画漫游制作。

素质目标

（1）具有团结协作精神。
（2）自觉严谨地根据渲染图和动画漫游进行方案总结。
（3）培养不怕困难、吃苦耐劳的职业精神。

测评手段

（1）通过信息化手段收取任务成果，开展学生自评、互评，教师点评。
（2）通过课前、课中、课后与学生交流，观察学生课堂表现，根据在任务中体现的思政素养，运用信息化技术手段，全方位、全过程记录学生的过程性成绩。

▶️ **任务实施一**

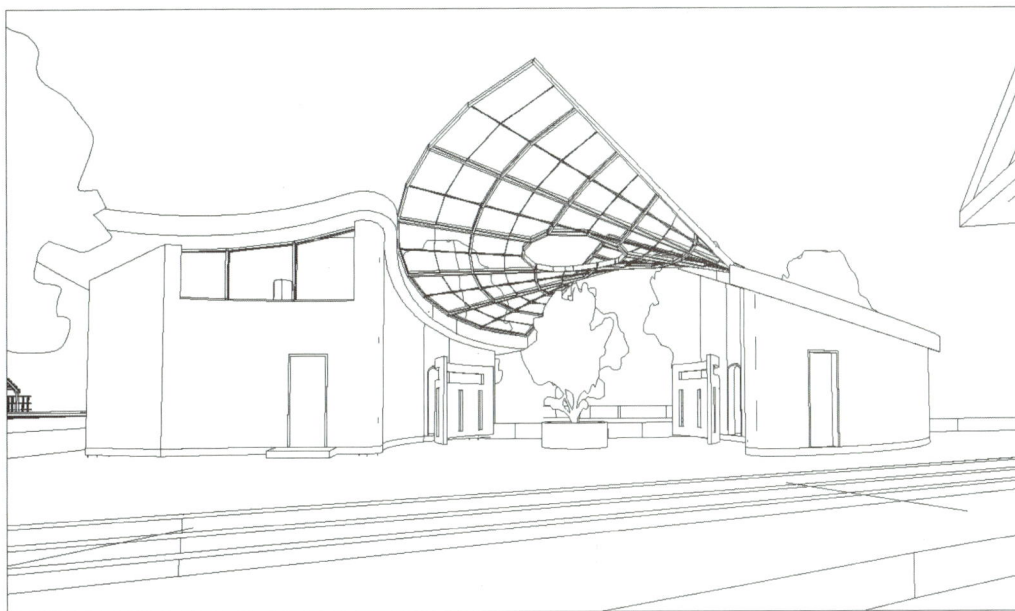

图 4-1-3.1　调整模型渲染角度

图 4-1-3.2　完成渲染出图

步骤 1：构图、形式美判定知识题。

在给定模型（图 4-1-3.1）中，根据参考图（图 4-1-3.2）进行渲染。结合任务描述中的要求以及本任务中的"相关知识与技能"，思考渲染图的方法，完成以下习题：

①构图是一个很抽象的概念，没有基本的逻辑和方法。（　　　）

A. 正确　　　　　　　　　　B. 错误

②在建筑效果图的视图设置中，常用的有一点透视、（　　　）、鸟瞰图。

A. 轴测图　　　　　　　　B. 两点透视　　　　　　　　C. 多点透视

③鸟瞰图是根据透视原理，用高视点透视法从高处某一点俯视地面起伏绘制成的立体图。简单地说，就是在（　　　）俯视某一地区所看到的图像。

A.空中　　　　　　　　　B.地平线　　　　　　　　C.山顶

④一个建筑给人们以美或不美的感受，在人们的心理上、情绪上产生某种反应，存在着某种规律。建筑形式美法则就表述了这种(　　　)。

A.想法　　　　　　　　　B.理念　　　　　　　　　C.规律

⑤下列不属于形式美法则的内容是(　　　)。

A.比例与尺度　　　　　　B.均衡与韵律　　　　　　C.功能与造价

步骤2：完成三维渲染。

打开三维信息模型，按照图4-1-3.1中效果图的渲染角度，设置相应的渲染视图，要求视图设置和参考图近似，视图设置完成后对模型进行渲染，渲染质量为"中"，分辨率为150 DPI，并以"三维渲染"为文件名保存(文件后缀名为".rvt")，完成渲染后的出图效果如图4-1-3.2所示。参见《BIM建模实务——技能点手册》YY-1-3.1。

▶ **任务实施二**

步骤3：动画漫游知识题。

结合任务描述中的要求以及本任务中的"相关知识与技能"，思考动画漫游的方法，完成以下习题：

①建筑漫游动画就是将"(　　　)"技术应用在城市规划、建筑设计等领域。

A.虚拟现实　　　　　　　B.动画

②在建筑漫游动画应用中，人们能够在一个虚拟的三维环境中，用动态交互的方式对未来的建筑或城区进行身临其境的全方位的审视。(　　　)

A.正确　　　　　　　　　B.错误

③动画漫游质量的好坏在于后期材质参数和路径的设置，与三维信息模型的搭建没有太大关系。(　　　)

A.正确　　　　　　　　　B.错误

④Revit动画漫游中关键需要对(　　　)进行设置。

A.路径和相机　　　　　　B.材质和颜色

⑤动画漫游就是真实的空间呈现，因此在制作过程中不需要有艺术加工的成分。(　　　)

A.正确　　　　　　　　　B.错误

步骤4：完成动画漫游。

将"三维渲染.rvt"文件按照起始位置如图4-1-3.3所示进行设置，并调整相机路径，按逆时针360°围绕建筑一周设置，最后将漫游动画按默认参数导出，并将源文件以"动画漫游"为文件名保存(文件后缀名为".rvt")，完成漫游设置后的效果如图4-3-3.3所示。参见《BIM建模实务——技能点手册》YY-1-3.2。

步骤5：成果提交。

三维渲染

在线练习

动画漫游

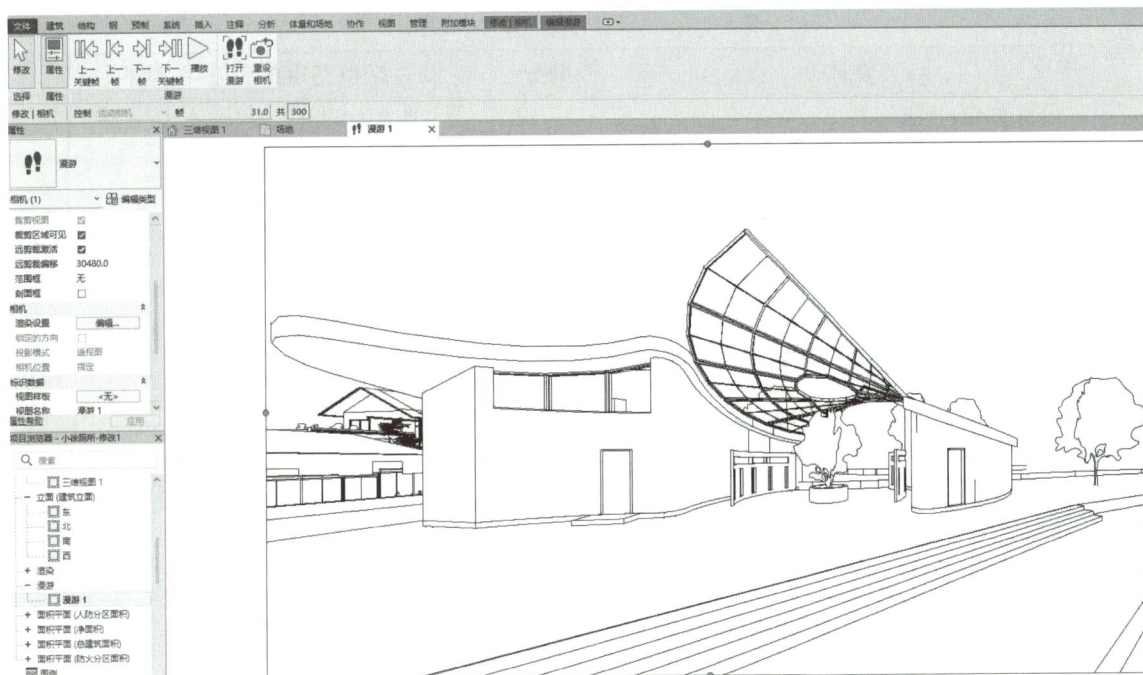

图 4-1-3.3　完成漫游设置

评价反馈

各类评价反馈表,见表 4-1-3.1—表 4-1-3.3。

表 4-1-3.1　知识技能评分标准(参考)

序号	评价项	评分	备注(适用自评、互评、师评)
1	渲染视图命名正确		满分 10 分;错 1 处扣 2 分
2	文件保存名称正确		满分 5 分
3	渲染视图透视角度设置正确		满分 10 分;错 1 处扣 1 分
4	渲染视图参数设置正确		满分 10 分;错 1 处扣 1 分
5	有符合规定的渲染成果		满分 10 分;错 1 处扣 1 分
6	动画漫游关键帧设置路径正确		满分 10 分;错 1 处扣 1 分
7	动画漫游活动相机设置正确		满分 5 分;错 1 处扣 1 分
8	动画漫游视图范围设置合理		满分 5 分
9	输出动画漫游视频成果		满分 5 分
小计			满分 70 分

表 4-1-3.2　职业素养评分标准(参考)

序号	评价项	评分	备注(适用自评、互评、师评)
1	具备自主学习的能力		满分 10 分
2	具有创新性学习思维		满分 10 分
3	团结协作,吃苦耐劳		满分 10 分
小计			满分 30 分

表 4-1-3.3　任务评价与反馈(参考)

序号	评价项	评分	备注(适用自评、互评、师评)
1	知识+技能		见表 4-1-3.1
2	职业素养的树立		见表 4-1-3.2
	小计		满分 100

总结归纳

根据本任务的完成情况,进行相关知识与技能点的回顾;总结重、难点;梳理工作流程;归纳工作方法;记录自我感受。

_____

_____

_____

_____

_____

易错点

根据个人任务完成情况,完成易错、易漏点汇总,以备后续加强练习。

_____

_____

_____

_____

_____

相关知识与技能

点 1:建筑构图基本知识。

多样统一,既是建筑艺术形式的普遍法则,也是建筑创作中的重要原则。达到多样统一的手段是多方面的,比如利用对比、主从、韵律、重点等形式美的规律。另外,建筑物由各种功能空间组成,它们的形状、大小、色彩、质感等各不相同,是构成建筑形式美多样变化的物质基础。它们之间又有一定的内在联系,比如结构、设备的系统性与建筑功能、美观要求的一致性等。这些又是建筑艺术形式能够达到统一的内在依据。所以,建筑艺术形式的构图任务,要求在建筑空间组合中,结合一定的创作意境,巧妙地运用这些内在因素的差别性和一致性,加以有规律、有节奏的处理,使建筑的艺术形式达到多样统一的效果。

点 2:建筑漫游动画的内容。

建筑漫游动画就是将"虚拟现实"技术应用在城市规划、建筑设计等领域。近年来,建筑漫游动画在国内外得到了越来越多的应用,其前所未有的人机交互性、真实建筑空间感、大面积三维地形仿真等特性,都是传统方式所无法比拟的。

在建筑漫游动画应用中，人们能够在一个虚拟的三维环境中，用动态交互的方式对未来的建筑或城区进行身临其境的全方位的审视：可以任意角度、距离和指定的精细程度观察场景；可以选择并自由切换多种运动模式，如行走、驾驶、飞翔等，并可以自由控制浏览的路线。而且，在漫游过程中，还可以实现多种设计方案、多种环境效果的实时切换对比。能够给用户带来强烈、逼真的感官冲击，获得身临其境的体验。

点3：在进行渲染视图设置时，如何进行透视和正交模式的切换？

①单击"视图"→"三维视图"→"相机"，设置好相机位置，在"属性"面板下，找到"投影模式"，将其模式设置为"正交"完成切换，如图4-1-3.4所示。

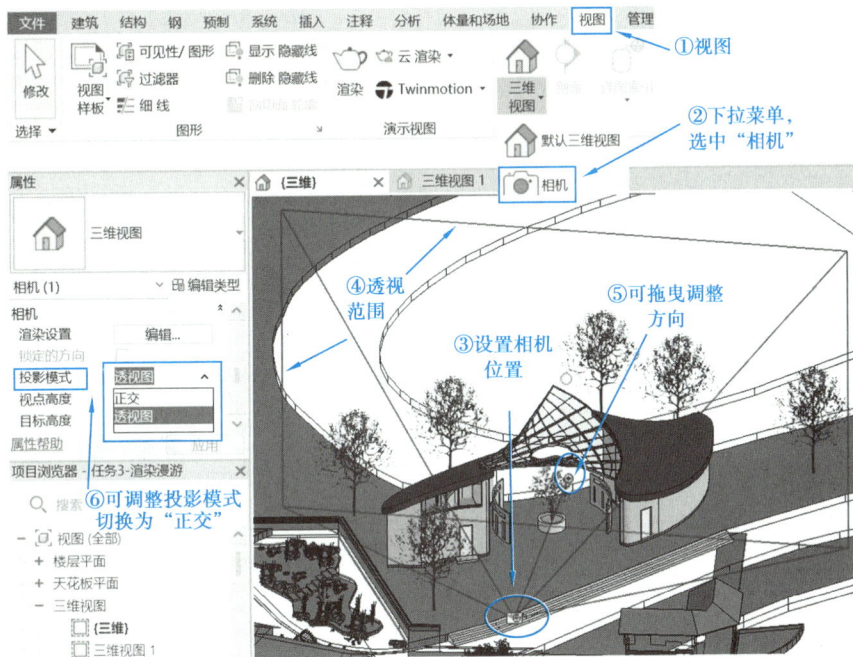

图4-1-3.4　切换投影模块（一）

②也可用右键单击右上方"ViewCube"进行"透视/正交"模式切换，如图4-1-3.5所示。

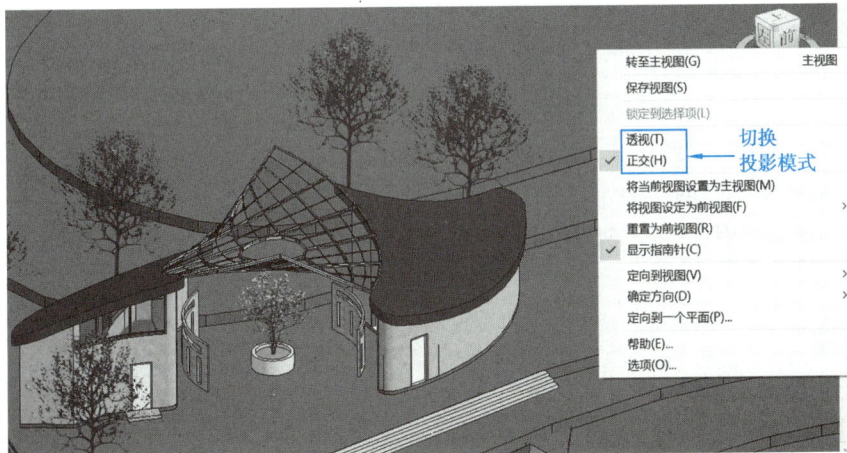

图4-1-3.5　切换投影模块（二）

项目二　模型创新应用

任务一　基坑模型的创建

📋 任务描述

为了方便群众出行，实现城市间的互联互通，某两座城市间规划修建一条高铁，连通两城市之间的交通网络，促进城市区域地方经济的高质量发展。本任务是完成该高铁线路桥墩中的一个桥墩基坑模型的创建。

📖 知识目标

（1）熟悉利用体量辅助建模的方法。
（2）熟悉体量与结构构件组合运用的方法。

⚡ 技能目标

（1）会利用体量的创建与编辑进行辅助建模。
（2）能将体量与结构构件组合运用，完成基坑模型创建。

👥 素质目标

（1）自主识图获取基坑的数据信息。
（2）自觉、严谨地按图实施创建操作。
（3）树立灵活创新地利用已掌握知识完成任务的意识。

📑 测评手段

（1）利用信息化平台记录学习过程，提交练习成果。
（2）观察模型成果的完成度及正确率，及时评价。

任务实施一

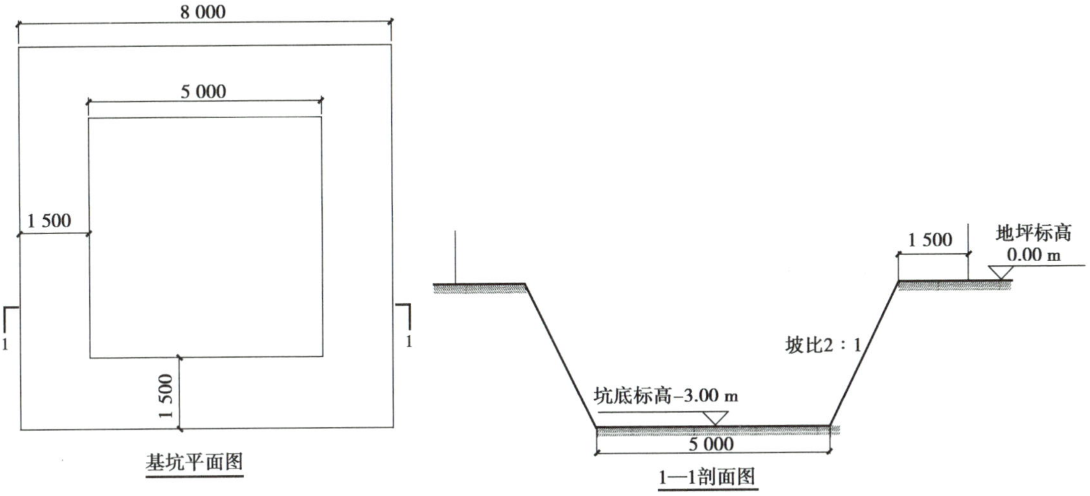

图 4-2-1.1 基坑平面及剖面图

步骤 1：自主获取基坑信息。

在线练习

①图 4-2-1.1 中基坑上口线标高为（　　）。

A. 0.00 m　　B. -3.00 m

②图 4-2-1.1 中基坑下口线标高为（　　）。

A. 0.00 m　　B. -3.00 m

③图 4-2-1.1 中基坑的坡比指的是（　　）。

A. 坡面的宽与高之比　　B. 坡面的高与宽之比

④图 4-2-1.1 中基坑的开挖深度为（　　）。

A. 1 m　　B. 2 m　　C. 3 m

步骤 2：创建基坑内体量。

Ⅰ. 基坑体量绘制知识点。

查看《BIM 建模实务——技能点手册》YY-2-1.1—YY-2-1.3，熟悉创建基坑内体量的方法，完成以下习题。

在线练习

①基坑体量应新建（　　）来创建。

A. 族　　B. 项目

②基坑体量在 Revit 中的（　　）中可以创建。

A. 剖面视图　　B. 平面视图及三维视图　　C. 立面视图

③在导入基坑图纸中导入单位应选择为（　　）。

A. m　　B. dm　　C. mm

基坑体量创建

④在创建基坑体量时上口线应绘制在（　　）。

A. 地坪标高　　B. 坑底标高

⑤在创建基坑体量时下口线应绘制在（　　）。

A. 地坪标高　　B. 坑底标高

Ⅱ. 创建体量。

根据图 4-2-1.1 基坑平面及剖面图，完成基坑体量的创建，要求体量尺寸与图纸一致，并以“基坑体量”为文件名保存（文件后缀名为“.rfa”）。参见《BIM 建模实务——技能点手册》YY-2-1.1—YY-2-1.3。

步骤3:创建基坑模型。

Ⅰ.基坑模型绘制知识点。

查看《BIM建模实务——技能点手册》YY-2-1.5、YY-2-1.6熟悉创建基坑的方法,完成以下单选题:

①基坑底采用(　　)创建。

A.墙　　　　　　　　　　　B.板

②基坑壁采用(　　)创建。

A.墙　　　　　　　　　　　B.板

③Revit中单击(　　)将基坑体量族放置在基坑项目中。

A.载入族　　　　　　　　　B.放置体量

④基坑底、基坑壁的材质应设置为(　　)。

A.土壤　　　　　　　　　　B.混凝土

Ⅱ.创建基坑。

根据设计图纸:图4-2-1.1基坑平面及剖面图,完成基坑模型的创建,要求模型尺寸与图纸一致,并以"基坑模型"为文件名保存(文件后缀名为".rvt")。参见《BIM建模实务——技能点手册》YY-2-1.4—YY-2-1.7。

步骤4:成果提交。

📊 评价反馈

各类评价反馈表,见表4-2-1.1—表4-2-1.3。

表4-2-1.1　知识技能评分标准(参考)

序号	评价项	评分	备注(适用自评、互评、师评)
1	文件格式及创建过程中各项命名正确	□0　□5	满分5分
2	CAD导入正确	□0　□5	满分5分
3	基坑体量标高命名正确		满分10分;错1处扣2分
4	基坑体量标高参数设置正确	□0　□5	满分5分
5	基坑体量尺寸正确		满分10分;错1处扣2分
6	体量正确载入新建项目	□0　□5	满分5分
7	基坑项目标高设置正确	□0　□5	满分5分
8	基坑底绘制正确		满分10分;错1处扣2分
9	基坑壁绘制正确		满分10分;错1处扣2分
10	基坑项目命名及保存正确	□0　□5	满分5分
	小计		满分70分

表4-2-1.2　职业素养评分标准(参考)

序号	评价项	评分	备注(适用自评、互评、师评)
1	具备自主学习的能力		满分10分
2	具备严谨、细致地按图实施的能力		满分10分
3	具有创新性设计能力		满分10分
	小计		满分30分

在线练习

利用基坑体量创建基坑

表 4-2-1.3　任务评价与反馈（参考）

序号	评价项	评分	备注（适用自评、互评、师评）
1	知识与技能的掌握		见表 4-2-1.1
2	职业素养的树立		见表 4-2-1.2
	小计		满分 100 分

总结归纳

根据本任务的完成情况，进行相关知识与技能点的回顾；总结重、难点；梳理工作流程；归纳工作方法；记录自我感受。

_____
_____
_____
_____
_____

易错点

根据个人任务完成情况，完成易错、易漏点汇总，以备后续加强练习。

_____
_____
_____
_____
_____

相关知识与技能

点 1：什么是基坑？

为进行建（构）筑物基础、地下建（构）筑物的施工所开挖的地面以下空间称为基坑。

点 2：什么是基坑上口线、下口线？

按照设计规范要求，开挖基坑时，根据基坑设计图纸放出开口线，位于地面上的称为上口线，位于地面下的称为下口线。

点 3：什么是坡比？

坡比是坡面的垂直高度和水平方向距离之比。

点 4：Revit 体量创建途径有哪些？

体量创建有两种途径：一种是体量利用新建"族"文件中的"概念体量""公制体量"来创建，完成后载入项目中；另一种是在已建项目中，在"体量和场地"中选择"内建体量"来实现。

点5：Revit中载入CAD图纸的方式。

Revit中图纸的载入方式有两种：一种是通过"插入"标题栏下的选项卡导入CAD实现，这种方式载入的图纸保存在Revit中，原图纸的修改不会影响Revit中的图纸；另一种是通过"插入"标题栏下的选项卡链接CAD，当所链接的CAD原图纸发生修改时，Revit中的图纸也随之更新。

点6：本任务中，体量模型除了作为基坑模型的创建辅助，还可提供基坑内部容积参数。

本任务中可通过创建的基坑体量获得准确的基坑容积，即基坑土方的理论开挖量。

任务二　基坑支护构件族的创建与布置

图纸及资料

⬚ 任务描述

某地区新农村建设拟建一座多功能音乐厅，提高周边社区人民的文化气息、艺术趣味和文艺生活质量。本项目基坑因地质条件因素需在基坑的一个坡面上设置支护。为观察该支护方案对附近已建建筑的影响，本任务需要根据基坑支护方案图，完成基坑支护构件土钉及锚固体的创建与布置。

▤ 知识目标

（1）熟悉构件族创建与编辑的方法。
（2）掌握利用构件族完成土钉锚固体创建与编辑的方法。

⚡ 技能目标

（1）会创建土钉锚固体构件。
（2）能独立完成土钉构件尺寸参数的修改与编辑。

👥 素质目标

（1）自主识图获取土钉及锚固体的数据信息。
（2）自觉、严谨地按图实施创建操作。
（3）培养创新思维，树立灵活运用的意识。

▥ 测评手段

（1）利用信息化平台记录学习过程、提交练习成果。
（2）观察模型成果的完成度及正确率，及时评价。

▷ 任务实施一

设计说明：土钉钢筋为直径 16 mm 的 HRB400 带肋钢筋，弯钩处长度为 200 mm；支架钢筋为直径 6 mm 的 HPB300 光圆钢筋，对中支架距土钉端部 50 mm 处起始设置，每间隔 1 000 mm 设置一组；锚固体强度为 M30 的水泥砂浆，锚固体直径为 200 mm，锚固体与土钉长度一致，土钉距锚固体底部为 50 mm。土钉及锚固体布置在基坑坡面上锚入周边土体。坡面上，距离基坑相邻上口线水平间距 500 mm、地坪标高向下 1 000 mm 处（图 4-2-2.1），起始布设第一根土钉及锚固体，且同排（即同标高）的锚固体相互之间间距为 1 000 mm。

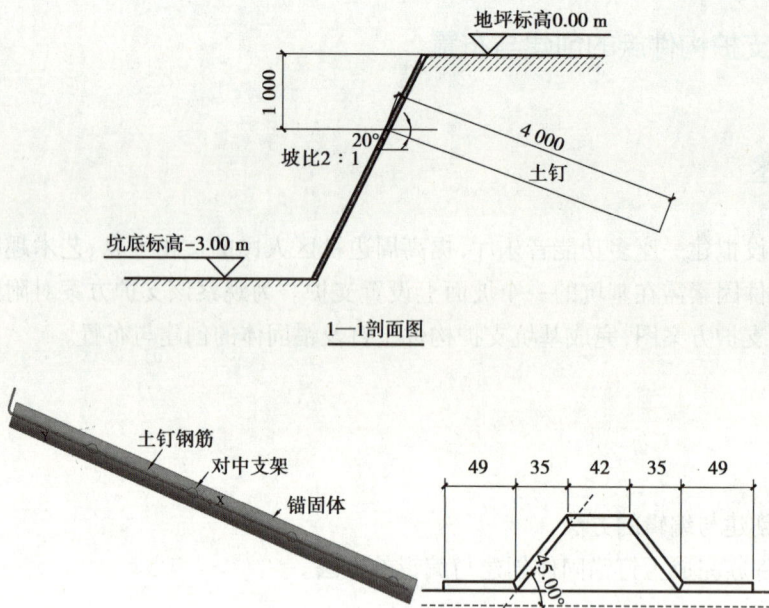

图 4-2-2.1　土钉施工剖面图及对中支架大样图

步骤1：自主获取土钉信息。

①图 4-2-2.1 中土钉的长度为(　　)。

A. 3 m　　　　　　　　　　　B. 4 m　　　　　　　　　　　C. 5 m

②图 4-2-2.1 中土钉与水平面的夹角是(　　)。

A. 10°　　　　　　　　　　　B. 20°　　　　　　　　　　　C. 30°

③图 4-2-2.1 中土钉的主体材质是(　　)。

A. 钢筋　　　　　　　　　　　B. 钢管　　　　　　　　　　　C. 矩管

④图 4-2-2.1 中基坑的开挖深度是(　　)。

A. 1 m　　　　　　　　　　　B. 2 m　　　　　　　　　　　C. 3 m

在线练习

步骤2：创建土钉及锚固体。

Ⅰ. 土钉及锚固体绘制的知识点。

结合《BIM 建模实务——技能点手册》YY-2-2.1—YY-2-2.4 理解土钉及锚固体绘制的基础知识，完成以下习题：

①土钉及锚固体应新建(　　)来创建。

A. 族　　　　　　　　　　　　B. 项目

②土钉主体钢筋的长度为(　　)。

A. 4 000 mm　　　　　　　　　B. 4 050 mm

③土钉主体钢筋弯起段的长度为(　　)。

A. 100 mm　　　　　　　　　　B. 200 mm

④土钉主体钢筋型号为(　　)。

A. HRB400 直径 6 mm　　　　　B. HPB300 直径 8 mm

⑤绘制土钉主体路径应在(　　)进行绘制。

A. 平面中　　　　　　　　　　B. 剖面中　　　　　　　　　　C. 左立面中

⑥土钉的路径绘制中圆弧段利用(　　)命令绘制。

A. 样条曲线　　　　　　　　　B. 圆角弧

⑦对中支架在土钉主体截面上利用阵列命令中的(　　)布置。

在线练习

A. 　　　　B.

⑧对中支架在选择半径阵列中，绘制 3 个对中支架旋转角度应设置为(　　)。

A. 100°　　　　　　B. 120°　　　　　　C. 150°

⑨对中支架在选择半径阵列中，阵列数量(　　)已绘制的对中支架。

A. 包括　　　　　　B. 不包括

⑩土钉锚固体的材质应设置为(　　)。

A. M30 水泥砂浆　　　　B. C30 混凝土

Ⅱ. 创建土钉及锚固体族。

根据设计图纸：图 4-2-2.1 土钉施工剖面图及对中支架大样图，完成土钉及锚固体族的创建，要求各构件的尺寸与图纸一致，并以"土钉锚固体"为文件名保存(文件后缀名为".rfa")。参见《BIM 建模实务——技能点手册》YY-2-2.1—YY-2-2.6。

创建土钉及
锚固体族

步骤 3：土钉及锚固体在基坑中的布置。

Ⅰ. 土钉及锚固体布置知识点。

结合《BIM 建模实务——技能点手册》YY-2-2.7 理解土钉及锚固体族布置的基础知识，完成以下习题：

①土钉及锚固体族应在(　　)中布置。

A. 立面视图　　　　　　B. 平面视图

②土钉及锚固体竖直方向的位置应在(　　)中布置。

A. 立面视图　　　　　　B. 平面视图

在线练习

③基坑坡面上布置第一个土钉及锚固体时，距离基坑上口线水平间距为(　　)。

A. 500 mm　　　　　　B. 800 mm

④基坑坡面上第一排锚固体距地坪标高的距离为(　　)。

A. 500 mm　　　　　　B. 1 000 mm

Ⅱ. 布置土钉及锚固体族。

根据设计图纸：图 4-2-2.1 土钉施工剖面图及对中支架大样图，完成土钉及锚固体族在基坑模型中的布置，并以"基坑支护模型"为文件名保存(文件后缀名为".rvt")。参见《BIM 建模实务——技能点手册》YY-2-2.7。

步骤 4：成果提交。

布置土钉及
锚固体

评价反馈

各类评价反馈表，见表 4-2-2.1—表 4-2-2.3。

表 4-2-2.1　知识技能评分标准(参考)

序号	评价项	评分	备注(适用自评、互评、师评)
1	文件格式及创建过程中各项命名正确		满分 10 分；错 1 处扣 1 分
2	土钉钢筋尺寸绘制正确		满分 10 分；错 1 处扣 1 分
3	土钉对中支架绘制正确		满分 10 分；错 1 处扣 1 分
4	土钉锚固体尺寸绘制正确		满分 10 分；错 1 处扣 1 分
5	土钉锚固体各材质绘制正确		满分 10 分；错 1 处扣 1 分

续表

序号	评价项	评分	备注（适用自评、互评、师评）
6	土钉锚固体角度设置正确		满分 10 分；错 1 处扣 1 分
7	土钉锚固体正确载入布置到新建项目		满分 10 分；错 1 处扣 1 分
	小计		满分 70 分

表 4-2-2.2　职业素养评分标准（参考）

序号	评价项	评分	备注（适用自评、互评、师评）
1	具备自主学习的能力		满分 10 分
2	具备严谨、细致地按图实施的能力		满分 10 分
3	具有创新性思维、灵活运用意识		满分 10 分
	小计		满分 30 分

表 4-2-2.3　任务评价与反馈（参考）

序号	评价项	评分	备注（适用自评、互评、师评）
1	知识与技能的掌握		见表 4-2-2.1
2	职业素养的树立		见表 4-2-2.2
	小计		满分 100 分

总结归纳

根据本任务的完成情况，进行相关知识与技能点的回顾；总结重、难点；梳理工作流程；归纳工作方法；记录自我感受。

_____
_____
_____
_____
_____
_____

易错点

根据个人任务完成情况，完成易错、易漏点汇总，以备后续加强练习。

_____
_____
_____
_____
_____
_____

A/B 相关知识与技能

点 1：什么是土钉？

土钉是用来加固或同时锚固现场原位土体的细长杆件，是通过钻孔、插筋、注浆设置的，也可通过直接打入角钢、粗钢筋等形成土钉。

点 2：常见土钉材料。

常见土钉材料有角钢、圆钢、钢筋或钢管等。

点 3：土钉的施工方式。

土钉的施工方式分为击入钉和钻孔注浆钉两种。击入钉是直接将土钉利用机械送入土体中的施工方式；钻孔注浆钉是引孔—清孔—放置土钉—灌注水泥砂浆—养护。

点 4：在绘制土钉的过程中为什么要绘制参照平面？

在 Revit 建模过程中，经常会绘制一些参照平面作为绘制模型的辅助平面，确保构件尺寸、位置正确。

点 5：绘制土钉截面时可以在哪些视图中？

在 Revit 建模过程中，土钉的截面形状可以在三维视图中绘制，也可以在立面中（前立面或后立面）绘制，在选择立面时，应确保绘制的形状与立面在同一平面内。

点 6：Revit 中布置土钉对中支架为什么要成组？

在 Revit 绘图过程中，经常将数量较多、类型相同的构件中的一个单元进行成组，这样便于在后期绘制过程中对构件进行选择和布置。

点 7：在 Revit 中布置对中支架时，如何理解对中支架间隔 1 m 设置一组？

在布置对中支架时，对中支架间隔 1 m 设置是指对中支架之间的净距为 1 m，在利用复制命令进行复制布置时，移动距离应为对中支架的长度 210（=49+35+42+35+49）mm 与支架间净距 1 000 mm 之和。

点 8：在项目中布置载入族时不显示。

在输入法英文状态下输入"VV"，打开可见性属性，选中该族的类型后确定，即可在项目中查看载入的族。

任务三　基坑支护桩及钢筋的布置

图纸及资料

任务描述

某地区为改善人民群众的居住环境,启动了新农村拆迁改造项目,拟修建 7 栋 20 层的安置房。本任务根据基坑支护设计图纸要求,完成局部支护段的混凝土灌注桩布置,同时创建一根桩的钢筋大样。

知识目标

(1)理解结构构件族的编辑与应用知识。
(2)熟悉创建和编辑多种形式钢筋的方法。
(3)掌握在结构构件中添加钢筋的方法。

技能目标

(1)会创建及布置钢筋。
(2)能独立完成钢筋尺寸参数的修改与编辑。

素质目标

(1)自主识图获取钢筋的数据信息。
(2)自觉严谨地按图实施创建操作。
(3)在灵活的综合运用练习中自主拓展创新思维。

测评手段

(1)利用信息化平台记录学习过程,提交练习成果。
(2)观察模型成果的完成度及正确率,及时评价。

任务实施一

本项目基坑局部支护段长度约 27.872 m,采用支护桩+锚索的支护方式,从平面图、剖面图、配筋图和设计说明中整理相关设计参数,设计图纸及设计说明具体如下:

支护桩设计说明:①混凝土支护桩采用旋挖成孔,桩径为 1.2 m,间距 2.0 m,桩长 20.70 m;②桩身混凝土强度 C30,钢筋保护层厚度 40 mm;③灌注桩主筋锚入冠梁伸至冠梁顶且保护层 40 mm;④主筋全部为 HRB400 三级螺纹钢,采用闪光对焊连接;⑤冠梁截面尺寸为 1 200 mm×800 mm。

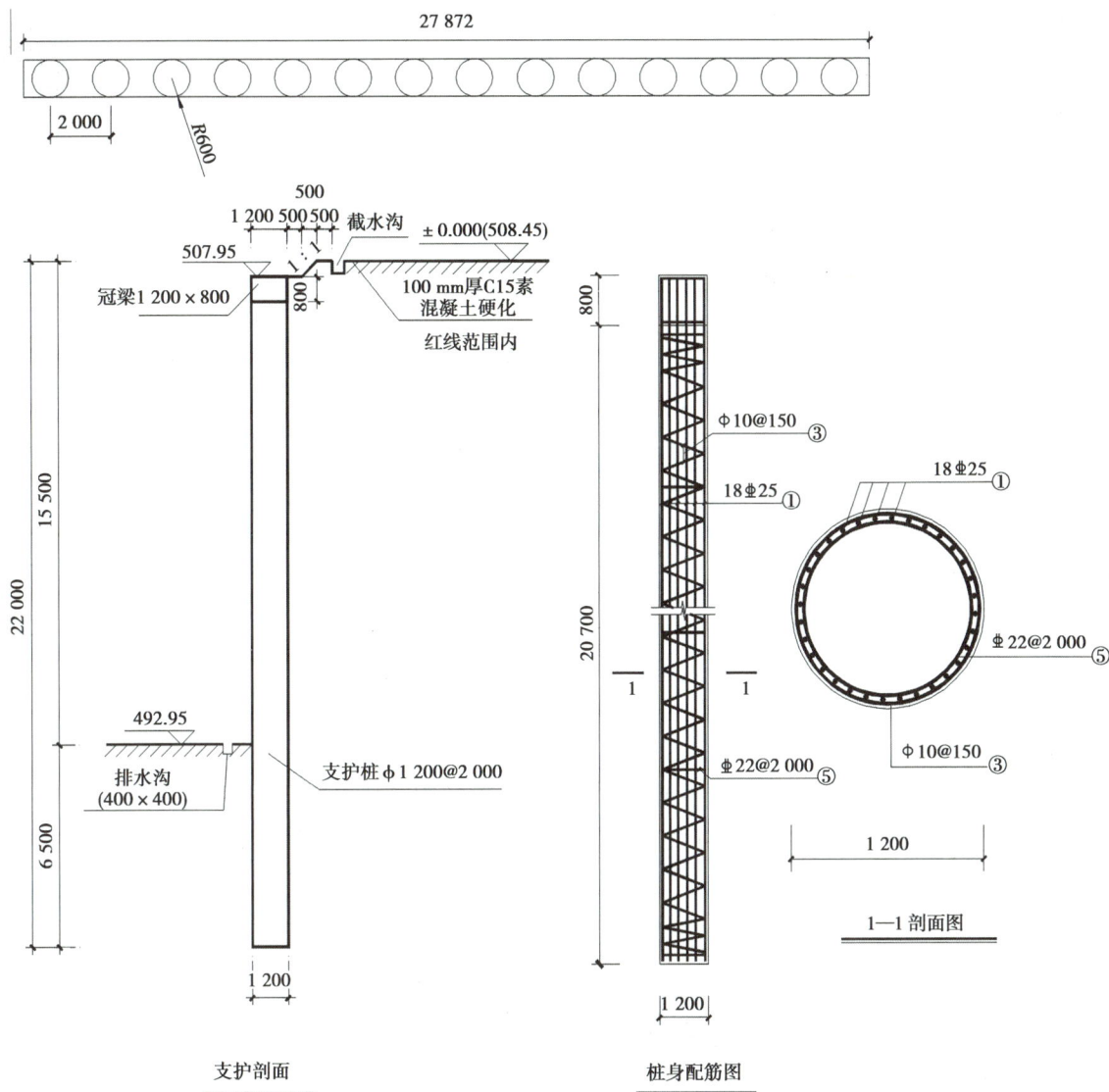

图 4-2-3.1　基坑灌注桩支护图

步骤 1：自主获取基坑支护图纸信息。

①图 4-2-3.1 中支护桩桩长为（　　）。

A. 15.00 m　　　　　　　　B. 6.50 m　　　　　　　　C. 20.70 m

②图 4-2-3.1 中支护桩的直径为（　　）。

A. 1.00 m　　　　　　　　B. 1.20 m　　　　　　　　C. 1.40 m

③图 4-2-3.1 中支护桩的桩顶标高为（　　）。

A. 508.45 m　　　　　　　B. 507.95 m　　　　　　　C. 506.75 m

④图 4-2-3.1 中基坑顶面与底面的高程为（　　）。

A. 508.45～492.95 m　　　B. 507.95～492.95 m　　　C. 506.75～492.95 m

步骤 2：支护桩及钢筋的绘制。

Ⅰ. 支护桩及钢筋绘制知识点

结合《BIM 建模实务——技能点手册》YY-2-3.1—YY-2-3.4 理解支护桩及钢筋绘制的基础知识，完成以下习题：

①新建项目应选择（　　）样板。

在线练习

A. 建筑　　　　　　　　　　B. 结构

②支护桩在属性设置中"b"(直径)应设置为(　　)。

A. 600 mm　　　　　　　　B. 1 200 mm

③支护桩应在(　　)中布置。

A. 立面视图　　　　　　　　B. 平面视图

④支护桩族采用的是(　　)中柱族。

A. 建筑　　　　　　　　　　B. 结构

⑤图 4-2-3.1 中钢筋笼竖向钢筋直径为(　　)。

A. 16 mm　　　　　　　B. 18 mm　　　　　　C. 25 mm

⑥图 4-2-3.1 中钢筋笼螺旋箍筋直径为(　　)。

A. 5 mm　　　　　　　B. 10 mm　　　　　　C. 15 mm

⑦图 4-2-3.1 中螺旋箍筋的间距为(　　)。

A. 100 mm　　　　　　B. 150 mm　　　　　C. 200 mm

⑧支护桩的钢筋应在(　　)中布置。

A. 平面视图　　　　　B. 立面视图　　　　　C. 剖面视图

⑨竖向钢筋顶应为冠梁顶,标高(　　)保护层厚度。

A. 不扣减　　　　　　　　　B. 扣减

Ⅱ. 绘制支护桩及钢筋。

根据设计图纸:图 4-2-3.1 基坑灌注桩支护图,完成支护桩及钢筋的布置,要求各构件的尺寸与图纸一致,并以"支护桩钢筋布置"为文件名保存(文件后缀名为". rvt")。参见《BIM 建模实务——技能点手册》YY-2-3.1—YY-2-3.8。

步骤 3:成果提交。

支护桩的绘制

支护桩钢筋的绘制

评价反馈

各类评价反馈表,见表 4-2-3.1—表 4-2-3.3。

表 4-2-3.1　知识技能评分标准(参考)

序号	评价项	评分	备注(适用自评、互评、师评)
1	文件格式及创建过程中各项命名正确	□0　□10	满分 10 分
2	灌注桩标高命名正确		满分 10 分;错 1 处扣 1 分
3	灌注桩标高参数设置正确		满分 10 分;错 1 处扣 1 分
4	灌注桩间距设置正确		满分 10 分;错 1 处扣 1 分
5	灌注桩钢筋命名正确		满分 10 分;错 1 处扣 1 分
6	灌注桩钢筋选型正确		满分 10 分;错 1 处扣 1 分

续表

序号	评价项	评分	备注（适用自评、互评、师评）
7	灌注桩钢筋属性设置正确		满分10分；错1处扣1分
	小计		满分70分

表 4-2-3.2　职业素养评分标准（参考）

序号	评价项	评分	备注（适用自评、互评、师评）
1	具备自主学习的能力		满分10分
2	具备严谨细致地按图实施的能力		满分10分
3	具有创新性设计能力		满分10分
	小计		满分30分

表 4-2-3.3　任务评价与反馈（参考）

序号	评价项	评分	备注（适用自评、互评、师评）
1	知识与技能的掌握		见表4-2-3.1
2	职业素养的树立		见表4-2-3.2
	小计		满分100分

总结归纳

　　根据本任务的完成情况，进行相关知识与技能点的回顾；总结重、难点；梳理工作流程；归纳工作方法；记录自我感受。

_____

_____

_____

_____

_____

易错点

根据个人任务完成情况，完成易错、易漏点汇总，以备后续加强练习。

_____

_____

_____

_____

_____

_____

相关知识与技能

点 1：什么是支护桩？

支护桩是为了确保基坑在竖直开挖时的边坡安全而设计的一种支护结构，主要用于承担侧向岩土压力。

点 2：钢筋混凝土构件中常用的钢筋类别。

钢筋混凝土结构用钢的主要品种有热轧钢筋、预应力混凝土用热处理钢筋、预应力混凝土用钢丝和钢绞线等。热轧钢筋是建筑工程中用量最大的钢材品种之一，主要用于钢筋混凝土结构和预应力混凝土结构的配筋。

点 3：HPB、HRB、HRBF 分别代表什么类型的钢筋？

HPB 属于热轧光圆钢筋，HRB 属于普通热轧钢筋，HRBF 属于细晶粒热轧钢筋。

点 4：HRB400 中字母与数字代表什么？

HRB400 是热轧带肋钢筋、三级螺纹钢，H、R、B 分别为热轧（Hotrolled）、带肋（Ribbed）、钢筋（Bars）3 个词组的英文首位字母，400 是三级钢的屈服强度标准值，单位为 MPa。

点 5：支护桩钢筋笼由哪几部分组成？

钢筋笼由主筋、螺旋箍筋及加强筋组成。主筋为垂直于地面的竖向钢筋，螺旋箍筋分为加密区和非加密区，一般加密区间距 100 mm，非加密区间距 200 mm，加强筋主要是确保钢筋笼在安装制作、运输吊装过程中不易变形而设置的，一般在钢筋笼垂直高度上每隔 2 m 设置一个。

点 6：在 Revit 中支护桩为什么选择结构构件，不选择建筑构件？

首先，建筑模型构件主要包含如非承重隔墙墙体、门窗、楼梯等建筑构件，而结构模型构件则包含基础、梁、柱、承重混凝土墙体、楼板等结构构件；其次，结构模型构件能添加钢筋构件，而建筑模型构件则不能。

点 7：在 Revit 中如何让钢筋显示与实际外观一致？

可以选择视图窗口中左下角这两个图标：▦、▤。将详细程度选择为精细，将视觉样式选择为真实，即可将 Revit 中钢筋的显示设置成与实际一致。

点 8：Revit 中三维视图怎样设置仅显示钢筋笼，不显示支护桩？

单独选中支护桩，单击视窗下方临时隐藏/隔离" ∞ "命令，选择隐藏图元后就可以只查看钢筋笼，而将混凝土支护桩隐藏。